日本大学付属高等学校等

基礎学力到達度テスト 問題と詳解

〈2021 年度版〉

数 学

収録問題　平成 29～令和 2 年度
3 年生 4 月／9 月（文系・理系）

清水書院

目　　次

令和2年度は，4月のテストが実施されませんでした。

デジタルドリル「ノウン」のご利用方法は巻末の綴じ込みをご覧ください。

平成29年度

基礎学力到達度テスト 問題と詳解

1
次の各問いに答えなさい。

(1) 整式 $x^3 - 7x^2 + 9x + 5$ を $x - 4$ で割ったときの

  商は　$x^2 - \boxed{ア}\,x - \boxed{イ}$

  余りは　$\boxed{ウエ}$

である。

(2) i を虚数単位とするとき

$$\frac{7 - 9i}{3 - i} = \boxed{オ} - \boxed{カ}\,i$$

である。

(3) $-\sqrt{3}\sin\theta + \cos\theta = \boxed{キ}\,\sin\left(\theta + \dfrac{\boxed{ク}}{\boxed{ケ}}\,\pi\right)$

である。ただし，$0 \leqq \dfrac{\boxed{ク}}{\boxed{ケ}}\,\pi < 2\pi$ である。

(4) 空間のベクトル $\vec{a} = (-2,\ 5,\ -4)$ において

$$|\vec{a}| = \boxed{コ}\sqrt{\boxed{サ}}$$

である。

2
円 $C : x^2 + y^2 - 6x + 12y + 11 = 0$ と直線 $l : y = -x + 3$ について，次の問いに答えなさい。

(1) 円 C の中心の座標は　$(\boxed{ア},\ \boxed{イウ})$

  半径は　$\sqrt{\boxed{エオ}}$

である。

(2) 円 C の中心と直線 l との距離 d は

$$d = \boxed{カ}\sqrt{\boxed{キ}}$$

である。

(3) 直線 l が円 C によって切り取られる線分の長さは

$$\boxed{ク}$$

である。

3 次の各問いに答えなさい。

(1) 等差数列 $\{a_n\}$ において，$a_7 = 5$，$a_{13} = 29$ であるとき，この数列の一般項 a_n は

$$a_n = \boxed{\text{ア}}\, n - \boxed{\text{イ}\text{ウ}}$$

である。

(2) 等比数列 $\{b_n\}$ において，$b_2 + b_5 = -42$，$b_3 + b_6 = 84$ であるとき，この数列の一般項 b_n は

$$b_n = \boxed{\text{エ}\text{オ}} \cdot (\boxed{\text{カ}\text{キ}})^{n-1}$$

である。

(3) (1)，(2)で求めた a_n，b_n について，

$$\sum_{k=1}^{8} (a_k + b_k) = \boxed{\text{ク}\text{ケ}\text{コ}}$$

である。

4 次の各問いに答えなさい。

(1) $\log_{\frac{1}{9}} \sqrt{27} = \dfrac{\boxed{\text{ア}\text{イ}}}{\boxed{\text{ウ}}}$ である。

(2) 方程式 $4^x - 2^{x+2} - 32 = 0$ の解は

$$x = \boxed{\text{エ}}$$

である。

(3) 不等式 $\log_2 (4x - 1) < 3$ の解は

$$\frac{\boxed{\text{オ}}}{\boxed{\text{カ}}} < x < \frac{\boxed{\text{キ}}}{\boxed{\text{ク}}}$$

である。

5

次の各問いに答えなさい。

(1) $\vec{a}=(4,\ -3)$, $\vec{b}=(2,\ x)$ のとき

  (i) $\vec{a}\perp\vec{b}$ となるのは $x=\dfrac{\boxed{\text{ア}}}{\boxed{\text{イ}}}$

  のときである。

  (ii) y を実数として，$y\vec{a}-\vec{b}=(-10,\ 11)$ となるのは
$$x=\boxed{\text{ウ}\,\text{エ}},\ y=\boxed{\text{オ}\,\text{カ}}$$
  のときである。

(2) 右の図の平行四辺形 ABCD において，AB＝2，AD＝3である。辺 BC を 2：1に内分する点を E，CD の中点を F とするとき

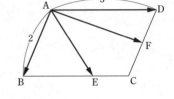

  (i) $\overrightarrow{\text{AE}}=\overrightarrow{\text{AB}}+\dfrac{\boxed{\text{キ}}}{\boxed{\text{ク}}}\overrightarrow{\text{AD}}$

  である。

  (ii) $|\overrightarrow{\text{AF}}|=\dfrac{3}{2}|\overrightarrow{\text{AE}}|$ ならば
$$\overrightarrow{\text{AB}}\cdot\overrightarrow{\text{AD}}=\boxed{\text{ケ}\,\text{コ}}$$
  である。

6

関数 $y=\cos 2x-\sin x$ について，次の問いに答えなさい。

(1) $\sin x=t$ とすると
$$y=-\boxed{\text{ア}}\,t^2-t+\boxed{\text{イ}}$$
と表される。

(2) $0\leqq x<2\pi$ のとき，$y=0$ を満たす x は $\boxed{\text{ウ}}$ 個あり，そのうち，最小のものは
$$x=\dfrac{\boxed{\text{エ}}}{\boxed{\text{オ}}}\pi$$
である。

(3) $0\leqq x<2\pi$ のとき，y のとりうる値の範囲は
$$\boxed{\text{カ}\,\text{キ}}\leqq y\leqq\dfrac{\boxed{\text{ク}}}{\boxed{\text{ケ}}}$$
である。

7

右の図のように，関数

$$y = -x^2 + 6x \quad (0 \leqq x \leqq 6) \quad \cdots\cdots ①$$

のグラフ上の点 P から x 軸に垂線 PH を下ろす。原点を O，点 P
の x 座標を t $(0 < t < 6)$ とするとき，次の問いに答えなさい。

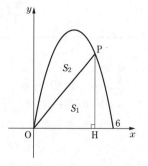

(1) △POH の面積を S_1 とすると

$$S_1 = \frac{\boxed{ア}\,\boxed{イ}}{\boxed{ウ}} t^3 + \boxed{エ}\, t^2$$

と表され，S_1 は

$$t = \boxed{オ} \text{ のとき，最大値} \boxed{カ}\,\boxed{キ}$$

をとる。

(2) 放物線①と線分 OP で囲まれた図形の面積を S_2 とすると，

$$S_2 = \frac{\boxed{ク}}{\boxed{ケ}} t^3$$

であり，$S_1 = S_2$ を満たす t の値は

$$t = \frac{\boxed{コ}}{\boxed{サ}}$$

である。

1 次の各問いに答えなさい。

(1) $(\sqrt{6}-\sqrt{3})^2=\boxed{\ \text{ア}\ }-\boxed{\ \text{イ}\ }\sqrt{\boxed{\ \text{ウ}\ }}$ である。

(2) 10点満点のテストを9人の生徒が受け，以下の結果を得た。

  9，4，6，8，9，5，10，4，8（点）

このデータの箱ひげ図として正しいものは $\boxed{\ \text{エ}\ }$ である。

$\boxed{\ \text{エ}\ }$ に適するものを下の〈選択肢〉から選び，番号で答えなさい。

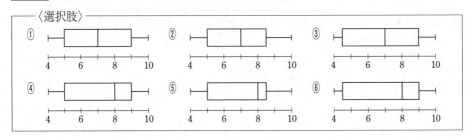

(3) $1101_{(2)}+1110_{(2)}$ の答えを10進法で表すと $\boxed{\text{オ}\,\text{カ}}$ である。

ただし，$1101_{(2)}$，$1110_{(2)}$ は2進法で表された数である。

(4) 整式 A を x^2-x+3 で割ったときの商は $x-2$，余りは $-3x+7$ である。このとき

  $A=x^3-\boxed{\ \text{キ}\ }x^2+\boxed{\ \text{ク}\ }x+\boxed{\ \text{ケ}\ }$

である。

(5) 等差数列 $\{a_n\}$ について，$a_4=-3$，$a_9=17$ のとき，$a_{19}=\boxed{\text{コ}\,\text{サ}}$ である。

(6) △ABC において，AB＝5，BC＝6，CA＝7 であるとき

  $\cos B=\dfrac{\boxed{\ \text{シ}\ }}{\boxed{\ \text{ス}\ }}$

である。

2 放物線 $y = x^2 - 10x + 21$ ……① について，次の問いに答えなさい。

(1) 放物線①の頂点は，点(ア ， − イ)である。

(2) 放物線①の y 座標が正である部分の x の値の範囲は ウ である。 ウ に適する
ものを下の〈選択肢〉から選び，番号で答えなさい。

> ─〈選択肢〉───
> ① $x < -3$ ② $x < -7$ ③ $3 < x$
> ④ $7 < x$ ⑤ $-7 < x < -3$ ⑥ $x < -7,\ -3 < x$
> ⑦ $3 < x < 7$ ⑧ $x < 3,\ 7 < x$

(3) 放物線①を

x 軸方向に エ
y 軸方向に オ

だけ平行移動すると，2 点 $(5,\ 0)$, $(7,\ 0)$ を通る放物線となる。

3 1, 2, 3, 4 の 4 個の数字を用いて 3 桁の整数を作るとき，次の問いに答えなさい。

(1) 同じ数字をくり返し用いてもよいものとするとき，3 桁の整数は全部で アイ 個できる。

(2) 異なる 3 つの数字を用いるとき，3 桁の整数は全部で ウエ 個できる。

(3) (1)の 3 桁の整数の中から 1 つを選ぶとき，それが 2 種類の数から作られる整数である確率は

$$\frac{オ}{カキ}$$

である。

4

円 : $x^2 + y^2 - 4x - 2y + 4 = 0$ ……①
と   直線 : $ax - y = 0$ ……②

について，次の問いに答えなさい。ただし，a は定数とする。

(1) 円①の中心は点(ア ， イ)で，半径は ウ である。

(2) 直線②と直線 $3x + 5y - 2 = 0$ が垂直であるとき

$$a = \frac{エ}{オ}$$

である。

(3) 円①と直線②が接するとき

$$a = カ ,\ \frac{キ}{ク}$$

である。

5 次の各問いに答えなさい。

(1) $0 \leqq \theta \leqq \pi$ で，$\cos\theta = -\dfrac{3}{4}$ のとき

$$\sin\theta = \dfrac{\sqrt{\boxed{\text{ア}}}}{\boxed{\text{イ}}}$$

である。

(2) $\cos\theta = \dfrac{\sqrt{2}}{3}$ のとき

$$\cos 2\theta = \dfrac{\boxed{\text{ウ}}\boxed{\text{エ}}}{\boxed{\text{オ}}}$$

である。

(3) $0 \leqq \theta < 2\pi$ のとき，関数 $y = 2\sin\theta + \cos\theta$ の最大値は $\sqrt{\boxed{\text{カ}}}$ である。

6 次の各問いに答えなさい。

(1) 関数 $y = 2^{-x}$ について，$x = 3$ のとき

$$y = \dfrac{\boxed{\text{ア}}}{\boxed{\text{イ}}}$$

である。

(2) 方程式 $3^{x+1} = 81$ を解くと

$$x = \boxed{\text{ウ}}$$

である。

(3) 関数 $y = \log_3(2x^2 - 8x + 9)$ について $1 \leqq x \leqq 4$ のとき

y の最大値は $\boxed{\text{エ}}$

y の最小値は $\boxed{\text{オ}}$

である。

7 関数 $f(x) = x^3 - 3x^2 - 9x + 20$ について，次の問いに答えなさい。

(1) $f'(4) = \boxed{\text{ア}}\boxed{\text{イ}}$ である。

(2) $f(x)$ は $x = \boxed{\text{ウ}}$ のとき，極小値 $\boxed{\text{エ}}\boxed{\text{オ}}$ をとる。

(3) $g(x) = f'(x)$ とするとき，$y = g(x)$ のグラフと x 軸で囲まれた部分の面積は $\boxed{\text{カ}}\boxed{\text{キ}}$ である。

8 次の各問いに答えなさい。

(1) $\vec{a} = (-2,\ 1)$，$\vec{b} = (-3,\ 2)$ のとき
$$\vec{a} \cdot \vec{b} = \boxed{\text{ア}}, \quad |\vec{a}| = \sqrt{\boxed{\text{イ}}}$$
である。

(2) 右の図の △OAB において，辺 AB を 3：2 に内分する点を P とすると
$$\overrightarrow{\text{OP}} = \frac{\boxed{\text{ウ}}}{\boxed{\text{エ}}}\overrightarrow{\text{OA}} + \frac{\boxed{\text{オ}}}{\boxed{\text{エ}}}\overrightarrow{\text{OB}}$$
である。

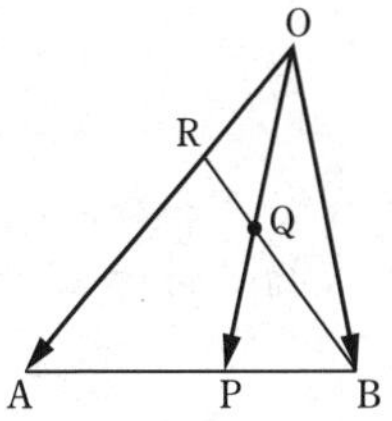

(3) (2)において，線分 OP の中点を Q，BQ の延長と辺 OA の交点を R
とすると
$$\text{OR} : \text{RA} = \boxed{\text{カ}} : \boxed{\text{キ}}$$
である。

1 次の各問いに答えなさい。

(1) 2次関数 $y=2x^2+8x+5$ のグラフを x 軸方向に3，y 軸方向に -2 だけ平行移動したグラフを表す式は

$$y=2x^2-\boxed{\text{ア}}\,x-\boxed{\text{イ}}$$

である。

(2) 1辺の長さが9の正三角形の外接円の半径は

$$\boxed{\text{ウ}}\sqrt{\boxed{\text{エ}}}$$

である。

(3) 2次方程式 $x^2-5x+2=0$ の2つの解を α，β とするとき

$$\frac{1}{\alpha}+\frac{1}{\beta}=\frac{\boxed{\text{オ}}}{\boxed{\text{カ}}}$$

である。

(4) 点 $(7,\ -1)$ を通り，直線 $2x-6y+3=0$ に垂直な直線の方程式は

$$\boxed{\text{キ}}\,x+y-\boxed{\text{ク}}\boxed{\text{ケ}}=0$$

である。

(5) $\displaystyle\lim_{x\to2}\frac{2-x}{\sqrt{x+2}-\sqrt{2x}}=\boxed{\text{コ}}$

である。

(6) 楕円 $\dfrac{x^2}{2}+\dfrac{y^2}{6}=1$ の焦点の座標は

$$\left(\boxed{\text{サ}},\ \boxed{\text{シ}}\right),\ \left(\boxed{\text{サ}},\ -\boxed{\text{シ}}\right)$$

である。

(7) 関数 $y=\dfrac{2x-5}{3x-4}$ の逆関数は

$$y=\frac{\boxed{\text{ス}}\,x-\boxed{\text{セ}}}{\boxed{\text{ソ}}\,x-\boxed{\text{タ}}}$$

である。

2 次の各問いに答えなさい。

(1) ある高校の生徒200人の靴のサイズを調査し，そのデータ を右のような箱ひげ図に表した。次の①〜④のうち，この箱 ひげ図から読みとれることとして正しいものは $\boxed{\text{ア}}$ であ る。$\boxed{\text{ア}}$ に適するものを下の〔選択肢〕から選び，番号 で答えなさい。

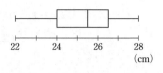

〔選択肢〕
① 生徒200人の靴のサイズの平均値は25.0cm以上である。
② 靴のサイズが27.0cm以上の生徒は50人より多い。
③ 靴のサイズが24.0cm以上の生徒は150人以上いる。
④ 靴のサイズが25.0cm未満の生徒の数は25.0cm以上の生徒の数より多い。

(2) 418と285の最大公約数は $\boxed{\text{イ}\ \text{ウ}}$ である。

(3) 1次不定方程式

$$7x + 13y = 1$$

の整数解のうち，y が1桁の自然数となるときの y の値は

$$y = \boxed{\text{エ}}$$

である。

3 1から5までの数字が1つずつ書かれた5枚のカードから異なる4枚を無作為に選び，それ らを並べて4桁の整数を作るとき，次の問いに答えなさい。

(1) 4桁の整数は全部で $\boxed{\text{ア}\ \text{イ}\ \text{ウ}}$ 個できる。

(2) 4桁の整数が偶数である確率は

である。

(3) 4桁の整数が偶数であるとき，それが6の倍数である条件付き確率は

である。

4 次の各問いに答えなさい。

(1) 3次関数 $y = x^3 + 6x^2 + 9x + 10$ について

極大値は $\boxed{\text{ア}}\,\boxed{\text{イ}}$, 極小値は $\boxed{\quad\text{ウ}\quad}$

である。

(2) 放物線 $y = -x^2 + 7x - 4$ ……① について

(i) 傾きが -1 で, 放物線①に接する接線の方程式は

$y = -x + \boxed{\text{エ}}\,\boxed{\text{オ}}$ ……②

である。

(ii) 放物線①と接線②と y 軸で囲まれた部分の面積は

$$\dfrac{\boxed{\text{カ}}\,\boxed{\text{キ}}}{\boxed{\text{ク}}}$$

である。

5 次の各問いに答えなさい。

(1) $\sin A = \dfrac{\sqrt{2}}{4}$ のとき, $\cos 2A = \dfrac{\boxed{\text{ア}}}{\boxed{\text{イ}}}$

である。

(2) 関数 $y = \sin^2 x - \cos x$ について, $0 \leq x < 2\pi$ における関数 y の最大値は $\dfrac{\boxed{\text{ウ}}}{\boxed{\text{エ}}}$ である。

(3) $0 \leq \theta < 2\pi$ のとき, $\sin\theta - \cos\theta > \dfrac{1}{\sqrt{2}}$ を満たす θ の値の範囲は

$$\dfrac{\boxed{\text{オ}}}{12}\pi < \theta < \dfrac{\boxed{\text{カ}}\,\boxed{\text{キ}}}{12}\pi$$

である。

6 次の各問いに答えなさい。

(1) 2つのベクトル $\vec{a}=(x, -2)$, $\vec{b}=(1-x, 4)$ が平行であるとき

$$x=\boxed{\text{ア}\ \text{イ}}$$

である。

(2) △OAB において，OA $=4$，OB $=3$，$\overrightarrow{\text{OA}}\cdot\overrightarrow{\text{OB}}=2$ のとき

$$\cos\angle\text{AOB}=\frac{\boxed{\text{ウ}}}{\boxed{\text{エ}}}$$

である。

(3) (2)の△OAB において，辺 AB 上に点 C を OC⊥AB となるようにとるとき

$$\overrightarrow{\text{OC}}=\frac{\boxed{\text{オ}}}{\boxed{\text{カ}}}\overrightarrow{\text{OA}}+\frac{\boxed{\text{キ}}}{\boxed{\text{カ}}}\overrightarrow{\text{OB}}$$

である。

7 次の各問いに答えなさい。

(1) 等差数列 $\{a_n\}$ について

$$a_1+a_3=0, \quad a_2+a_4=6$$

であるとき，一般項 a_n は

$$a_n=\boxed{\text{ア}}\,n-\boxed{\text{イ}}$$

である。また，数列 $\{a_n\}$ の初項から第 n 項までの和を S_n とすると

$$S_{20}=\boxed{\text{ウ}\ \text{エ}\ \text{オ}}$$

である。

(2) 無限等比級数

$$\frac{1}{3}+\frac{1}{3^2}+\frac{1}{3^3}+\frac{1}{3^4}+\cdots\cdots$$

は収束し，その和は $\dfrac{\boxed{\text{カ}}}{\boxed{\text{キ}}}$

である。

8 $\alpha = \dfrac{5 - \sqrt{3}\,i}{\sqrt{3} - 2i}$ とするとき，次の問いに答えなさい。

ただし，i は虚数単位とする。

(1)　$\alpha = \sqrt{\boxed{\text{ア}}} + i$

である。

(2)　α を極形式 $r(\cos\theta + i\sin\theta)$ の形で表すと

$$\alpha = \boxed{\text{イ}}\left(\cos\frac{\boxed{\text{ウ}}}{\boxed{\text{エ}}}\pi + i\sin\frac{\boxed{\text{ウ}}}{\boxed{\text{エ}}}\pi\right)$$

である。ただし，$r > 0$，$0 \le \theta < 2\pi$ とする。

(3)　複素数 z の 3 次方程式

$$z^3 = \alpha^3$$

について，3 次方程式の解を極形式

$$z = \boxed{\text{イ}}\,(\cos\theta + i\sin\theta) \quad (0 \le \theta < 2\pi)$$

で表すことにすると，θ の値は，小さい順に

$$\theta = \frac{\boxed{\text{ウ}}}{\boxed{\text{エ}}}\pi, \quad \frac{\boxed{\text{オ}}}{\boxed{\text{カ}}}\pi, \quad \frac{\boxed{\text{キ}}}{\boxed{\text{ク}}}\pi$$

である。

1 次の各問いに答えなさい。

(1) 整式 x^3-7x^2+9x+5 を $x-4$ で割ったときの

      商は　x^2- ア $x-$ イ

      余りは　 ウ エ

である。

(2) i を虚数単位とするとき

$$\frac{7-9i}{3-i}=\boxed{オ}-\boxed{カ}\,i$$

である。

(3) $-\sqrt{3}\sin\theta+\cos\theta=\boxed{キ}\sin\left(\theta+\dfrac{\boxed{ク}}{\boxed{ケ}}\pi\right)$

である。ただし，$0\leqq\dfrac{\boxed{ク}}{\boxed{ケ}}\pi<2\pi$ である。

(4) 空間のベクトル $\vec{a}=(-2,\ 5,\ -4)$ において

      $|\vec{a}|=\boxed{コ}\sqrt{\boxed{サ}}$

である。

[解　答]

(1)
$$
\begin{array}{r}
x^2-3x-3 \\
x-4\,\overline{)\,x^3-7x^2+9x+5} \\
\underline{x^3-4x^2} \\
-3x^2+9x \\
\underline{-3x^2+12x} \\
-3x+5 \\
\underline{-3x+12} \\
-7
\end{array}
$$

    上の計算により，商　x^2-3x-3，余り　**−7**

答（ア）3　（イ）3　（ウ）−　（エ）7

【別解】 組立除法を用いると，

$$
\begin{array}{rrrr|l}
1 & -7 & 9 & 5 & 4 \\
 & 4 & -12 & -12 & \\ \hline
1 & -3 & -3 & -7 &
\end{array}
$$
　　となり，商は　x^2-3x-3

　　　　　　　　　　余りは　**−7**

(2) 分母，分子に $3+i$ を掛ける。

$$\frac{7-9i}{3-i}=\frac{(7-9i)(3+i)}{(3-i)(3+i)}=\frac{21-27i+7i+9}{9+1}=\frac{30-20i}{10}=3-2i$$

答（オ）3　（カ）2

(3) 三角関数の合成

$$a\sin\theta + b\cos\theta = \sqrt{a^2+b^2}\,\sin(\theta+\alpha)$$

$$\text{ただし，}\ \sin\alpha = \frac{b}{\sqrt{a^2+b^2}},\ \ \cos\alpha = \frac{a}{\sqrt{a^2+b^2}}\ \text{より}$$

$$-\sqrt{3}\sin\theta + \cos\theta = \sqrt{(-\sqrt{3})^2+1^2}\,\sin\left(\theta+\frac{5}{6}\pi\right)$$

$$= 2\sin\left(\theta+\frac{5}{6}\pi\right)$$

答 （キ）**2** （ク）**5** （ケ）**6**

【別解】　加法定理を用いて，

$$-\sqrt{3}\sin\theta + \cos\theta = \sqrt{(-\sqrt{3})^2+1^2}\left(\sin\theta\cdot\frac{-\sqrt{3}}{2}+\cos\theta\cdot\frac{1}{2}\right)$$

$$= 2\left(\sin\theta\cos\frac{5}{6}\pi + \cos\theta\sin\frac{5}{6}\pi\right)$$

$$= 2\sin\left(\theta+\frac{5}{6}\pi\right)$$

(4)　$|\vec{a}|^2 = \vec{a}\cdot\vec{a} = (-2)^2+5^2+(-4)^2 = 4+25+16 = 45$

　　$|\vec{a}| = \sqrt{45} = 3\sqrt{5}$

答 （コ）**3** （サ）**5**

2

円 $C:x^2+y^2-6x+12y+11=0$ と直線 $l:y=-x+3$ について，次の問いに答えなさい。

(1)　円 C の中心の座標は　（ ［ ア ］，［ イ ］［ ウ ］）

　　半径は　$\sqrt{［エ］［オ］}$

　　である。

(2)　円 C の中心と直線 l との距離 d は

　　$d = ［カ］\sqrt{［キ］}$

　　である。

(3)　直線 l が円 C によって切り取られる線分の長さは

　　［ ク ］

　　である。

解　答

(1)　円の方程式 C を変形して

$$(x-3)^2+(y+6)^2-9-36+11=0$$

$$(x-3)^2+(y+6)^2=34$$

よって，円の中心の座標は $(3,\ -6)$ で，半径は $\sqrt{34}$

答 （ア）**3** （イ）**−** （ウ）**6** （エ）**3** （オ）**4**

(2)　点$(x_1,\ y_1)$と直線$ax+by+c=0$の距離は
$$d=\frac{|ax_1+by_1+c|}{\sqrt{a^2+b^2}}$$
よって，点$(3,\ -6)$と直線$x+y-3=0$との距離は
$$d=\frac{|3-6-3|}{\sqrt{1^2+1^2}}=\frac{6}{\sqrt{2}}=3\sqrt{2}$$

答　(カ) 3　(キ) 2

(3)　円の中心を C，円と直線との交点を P，Q とし，線分 PQ の中点を H とする。
　　(2)より円の中心からの距離は$3\sqrt{2}=$CH

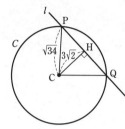

　　　　　　　円 C の半径 CP$=\sqrt{34}$
　　　　　　　よって，△CPH で，三平方の定理より
$$PH=\sqrt{(\sqrt{34})^2-(3\sqrt{2})^2}=\sqrt{34-18}$$
$$=\sqrt{16}=4$$
　　　　　　　直線 l が円 C によって切り取られる線分の長さは PQ
$$PQ=2PH=2\cdot 4=8$$

答　(ク) 8

3 次の各問いに答えなさい。

(1) 等差数列 $\{a_n\}$ において，$a_7 = 5$，$a_{13} = 29$ であるとき，この数列の一般項 a_n は

$$a_n = \boxed{\text{ア}}\, n - \boxed{\text{イ}\,\text{ウ}}$$

である。

(2) 等比数列 $\{b_n\}$ において，$b_2 + b_5 = -42$，$b_3 + b_6 = 84$ であるとき，この数列の一般項 b_n は

$$b_n = \boxed{\text{エ}\,\text{オ}} \cdot (\boxed{\text{カ}\,\text{キ}})^{n-1}$$

である。

(3) (1)，(2)で求めた a_n，b_n について，

$$\sum_{k=1}^{8} (a_k + b_k) = \boxed{\text{ク}\,\text{ケ}\,\text{コ}}$$

である。

解 答

(1) 求める等差数列の初項を a，公差を d とすると，題意より

$$a_7 = a + 6d = 5 \quad \cdots\cdots ①$$
$$a_{13} = a + 12d = 29 \cdots\cdots ②$$

②－①で，$6d = 24$　　よって，$d = 4$。これを①に代入して，$a = 5 - 6 \times 4 = -19$

よって求める等差数列の一般項 a_n は

$$a_n = -19 + (n-1) \cdot 4 = \mathbf{4}n - \mathbf{23}$$

答 (ア) **4**　(イ) **2**　(ウ) **3**

(2) 求める等比数列の初項を b，公比を r とすると，題意より

$$b_2 + b_5 = br + br^4 = -42 \quad \cdots\cdots ③$$
$$b_3 + b_6 = br^2 + br^5 = 84 \quad \cdots\cdots ④$$

④÷③で，$\dfrac{br^2 + br^5}{br + br^4} = \dfrac{br^2(1 + r^3)}{br(1 + r^3)} = r = \dfrac{84}{-42} = -2$　（③で，$br + br^4 \neq 0$ なので）

これを③に代入して，$br + br^4 = b(r + r^4) = b(-2 + 16) = 14b = -42$

$$b = -3$$

よって求める等比数列の一般項 b_n は

$$b_n = \mathbf{-3} \cdot (\mathbf{-2})^{n-1}$$

答 (エ) **－**　(オ) **3**　(カ) **－**　(キ) **2**

— 20 —

(3) 等差数列の和より

$$\sum_{k=1}^{n} a_k = \frac{1}{2}n(a+a_n) = \frac{1}{2}n(-19+4n-23) = \frac{1}{2}n(4n-42) = 2n^2-21n$$

等比数列の和より $(r \neq 1)$

$$\sum_{k=1}^{n} b_k = \frac{b(1-r^n)}{1-r} = \frac{-3\{1-(-2)^n\}}{1-(-2)} = \frac{-3\{1-(-2)^n\}}{3} = -\{1-(-2)^n\}$$

$$\sum_{k=1}^{8}(a_k+b_k) = \sum_{k=1}^{8} a_k + \sum_{k=1}^{8} b_k = (2 \cdot 8^2 - 21 \cdot 8) - \{1-(-2)^8\}$$

$$= -40 - (1-256) = \mathbf{215}$$

答 **(ク) 2　(ケ) 1　(コ) 5**

---

4 次の各問いに答えなさい。

(1) $\log_{\frac{1}{9}}\sqrt{27} = \dfrac{\boxed{\text{ア}}\ \boxed{\text{イ}}}{\boxed{\text{ウ}}}$ である。

(2) 方程式 $4^x - 2^{x+2} - 32 = 0$ の解は

$$x = \boxed{\text{エ}}$$

である。

(3) 不等式 $\log_2(4x-1) < 3$ の解は

$$\frac{\boxed{\text{オ}}}{\boxed{\text{カ}}} < x < \frac{\boxed{\text{キ}}}{\boxed{\text{ク}}}$$

である。

解　答

(1) 底の変換公式を利用する。　　$\log_a b = \dfrac{\log_c b}{\log_c a}$　$(a>0,\ b>0,\ c>0,\ a \neq 1,\ c \neq 1)$

与式の底を3にすると

$$\log_{\frac{1}{9}}\sqrt{27} = \frac{\log_3 \sqrt{27}}{\log_3 \frac{1}{9}} = \frac{\log_3 27^{\frac{1}{2}}}{\log_3 3^{-2}} = \frac{\frac{1}{2}\log_3 27}{-2\log_3 3}$$

$$= \frac{\frac{1}{2}\log_3 3^3}{-2\log_3 3} = \frac{\frac{3}{2}\log_3 3}{-2\log_3 3} = \frac{\frac{3}{2}}{-2} = \frac{-3}{4}$$

答 **(ア) −　(イ) 3　(ウ) 4**

― 21 ―

(2) $4^x - 2^{x+2} - 32 = (2^x)^2 - 2^2 \cdot 2^x - 32 = 0$　となるので，

$2^x = t$ $(t > 0)$　とおくと，

$$t^2 - 4t - 32 = 0$$

$$(t-8)(t+4) = 0$$

よって，$t = -4,\ 8$　であるが，$t > 0$ より　$t = 8$

$2^x = 8 = 2^3$　　すなわち　$x = 3$

答　**(エ) 3**

(3) $\log_2(4x-1) < 3$

真数条件より，$4x - 1 > 0$　　すなわち　$x > \dfrac{1}{4}$ ……①

与式は　$\log_2(4x-1) < 3\log_2 2$

$\log_2(4x-1) < \log_2 2^3$

底は 2 で 1 より大きいから

$4x - 1 < 2^3$　　すなわち　$4x < 9$　　　$x < \dfrac{9}{4}$

①の条件より，$\dfrac{1}{4} < x < \dfrac{9}{4}$

答　**(オ) 1　(カ) 4　(キ) 9　(ク) 4**

5 次の各問いに答えなさい。

(1) $\vec{a}=(4,\ -3)$, $\vec{b}=(2,\ x)$ のとき

  (i) $\vec{a}\perp\vec{b}$ となるのは $x=\dfrac{\boxed{\text{ア}}}{\boxed{\text{イ}}}$

  のときである。

  (ii) y を実数として,$y\vec{a}-\vec{b}=(-10,\ 11)$ となるのは

$$x=\boxed{\text{ウ}\,\text{エ}},\quad y=\boxed{\text{オ}\,\text{カ}}$$

  のときである。

(2) 右の図の平行四辺形 ABCD において, AB＝2, AD＝3である。辺 BC を 2：1 に内分する点を E,CD の中点を F とするとき

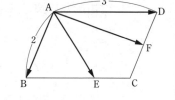

  (i) $\overrightarrow{AE}=\overrightarrow{AB}+\dfrac{\boxed{\text{キ}}}{\boxed{\text{ク}}}\overrightarrow{AD}$

  である。

  (ii) $|\overrightarrow{AF}|=\dfrac{3}{2}|\overrightarrow{AE}|$ ならば

$$\overrightarrow{AB}\cdot\overrightarrow{AD}=\boxed{\text{ケ}\,\text{コ}}$$

  である。

【解答】

(1) (i) $\vec{a}=(a_1,\ a_2)$, $\vec{b}(b_1,\ b_2)$ のとき, 内積 $\vec{a}\cdot\vec{b}=a_1b_1+a_2b_2$ より

$\vec{a}\perp\vec{b}$ は $\vec{a}\cdot\vec{b}=0$ であるから, 内積を利用する。

$\vec{a}=(4,\ -3)$, $\vec{b}=(2,\ x)$ であるから

$$\vec{a}\cdot\vec{b}=4\cdot2+(-3)x=0$$

ゆえに, $8-3x=0$ $\therefore\ x=\dfrac{8}{3}$

答 （ア）8 （イ）3

(ii) $y\vec{a}-\vec{b}=y(4,\ -3)-(2,\ x)=(4y-2,\ -3y-x)=(-10,\ 11)$

よって成分を比較して,$\begin{cases}4y-2=-10 & \cdots\cdots① \\ -3y-x=11 & \cdots\cdots②\end{cases}$

①より,$y=-2$

これを②に代入して,$x=-3y-11=6-11=-5$

答 （ウ）－ （エ）5 （オ）－ （カ）2

(2) (i) $\overrightarrow{AE} = \overrightarrow{AB} + \overrightarrow{BE}$

$= \overrightarrow{AB} + \dfrac{2}{3}\overrightarrow{BC}$

$= \overrightarrow{AB} + \dfrac{2}{3}\overrightarrow{AD}$ （$\because \overrightarrow{BC} = \overrightarrow{AD}$ である。）

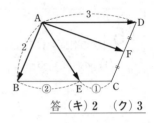

答 **(キ) 2** **(ク) 3**

(ii) $\overrightarrow{AF} = \overrightarrow{AD} + \overrightarrow{DF} = \overrightarrow{AD} + \dfrac{1}{2}\overrightarrow{DC} = \overrightarrow{AD} + \dfrac{1}{2}\overrightarrow{AB}$ （$\because \overrightarrow{AB} = \overrightarrow{DC}$ である。）

$= \dfrac{1}{2}\overrightarrow{AB} + \overrightarrow{AD}$

$|\overrightarrow{AF}|^2 = \overrightarrow{AF} \cdot \overrightarrow{AF} = \left(\dfrac{1}{2}\overrightarrow{AB} + \overrightarrow{AD}\right)\left(\dfrac{1}{2}\overrightarrow{AB} + \overrightarrow{AD}\right) = \dfrac{1}{4}|\overrightarrow{AB}|^2 + 2\cdot\dfrac{1}{2}\overrightarrow{AB}\cdot\overrightarrow{AD} + |\overrightarrow{AD}|^2$

ここで $|\overrightarrow{AB}| = 2,\ |\overrightarrow{AD}| = 3$ なので

$|\overrightarrow{AF}|^2 = \dfrac{1}{4}\cdot 4 + \overrightarrow{AB}\cdot\overrightarrow{AD} + 9 = \overrightarrow{AB}\cdot\overrightarrow{AD} + 10$ ……①

$|\overrightarrow{AE}|^2 = \overrightarrow{AE}\cdot\overrightarrow{AE} = \left(\overrightarrow{AB} + \dfrac{2}{3}\overrightarrow{AD}\right)\left(\overrightarrow{AB} + \dfrac{2}{3}\overrightarrow{AD}\right) = |\overrightarrow{AB}|^2 + 2\cdot\dfrac{2}{3}\overrightarrow{AB}\cdot\overrightarrow{AD} + \dfrac{4}{9}|\overrightarrow{AD}|^2$

$= 4 + \dfrac{4}{3}\overrightarrow{AB}\cdot\overrightarrow{AD} + 4 = \dfrac{4}{3}\overrightarrow{AB}\cdot\overrightarrow{AD} + 8$ ……②

$|\overrightarrow{AF}| = \dfrac{3}{2}|\overrightarrow{AE}|$ より, $|\overrightarrow{AF}|^2 = \dfrac{9}{4}|\overrightarrow{AE}|^2$ ここに①, ②を代入して

$\overrightarrow{AB}\cdot\overrightarrow{AD} + 10 = \dfrac{9}{4}\left(\dfrac{4}{3}\overrightarrow{AB}\cdot\overrightarrow{AD} + 8\right)$

$\overrightarrow{AB}\cdot\overrightarrow{AD} + 10 = 3\overrightarrow{AB}\cdot\overrightarrow{AD} + 18$

整理して, $\overrightarrow{AB}\cdot\overrightarrow{AD} = -4$

答 **(ケ) -** **(コ) 4**

— 24 —

6 関数 $y = \cos 2x - \sin x$ について，次の問いに答えなさい。

(1) $\sin x = t$ とすると

$$y = -\boxed{\text{ア}}\, t^2 - t + \boxed{\text{イ}}$$

と表される。

(2) $0 \leqq x < 2\pi$ のとき，$y = 0$ を満たす x は $\boxed{\text{ウ}}$ 個あり，そのうち，最小のものは

$$x = \frac{\boxed{\text{エ}}}{\boxed{\text{オ}}}\pi$$

である。

(3) $0 \leqq x < 2\pi$ のとき，y のとりうる値の範囲は

$$\boxed{\text{カ}\,\text{キ}} \leqq y \leqq \frac{\boxed{\text{ク}}}{\boxed{\text{ケ}}}$$

である。

【解　答】

(1) 2倍角の公式　$\cos 2x = 1 - 2\sin^2 x$　より

　　与式は，$y = \cos 2x - \sin x = 1 - 2\sin^2 x - \sin x$

　　ここで，$\sin x = t$ を代入すると

　　　　$y = -2t^2 - t + 1$

答（ア）2　（イ）1

(2) $y = 0$ より，$-2t^2 - t + 1 = 0$

　　よって　$2t^2 + t - 1 = 0$

　　　　$(2t - 1)(t + 1) = 0$　　　$t = -1, \dfrac{1}{2}$

　　$0 \leqq x < 2\pi$ で，$y = 0$ なのは　$\sin x = -1, \dfrac{1}{2}$　のときである。

　　$y = 0$ になるのは，右図の単位円より 3 個あり，

　　最小のものは，$x = \dfrac{1}{6}\pi$

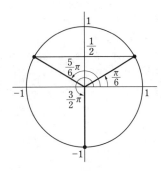

答（ウ）3　（エ）1　（オ）6

(3) $0 \leqq x < 2\pi$ のとき，$-1 \leqq t \leqq 1$ である。

$$y = -2t^2 - t + 1$$

$$= -2\left(t + \frac{1}{4}\right)^2 + \frac{9}{8}$$

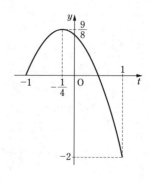

$t = 1$ のとき，$y = -2 \cdot 1^2 - 1 + 1 = -2$ （最小値）

$t = -\dfrac{1}{4}$ のとき，$y = \dfrac{9}{8}$ （最大値）

$t = -1$ のとき，$y = -2 \cdot (-1)^2 - (-1) + 1 = 0$

右図より，$-2 \leqq y \leqq \dfrac{9}{8}$

答 （カ）$-$ （キ）2 （ク）9 （ケ）8

7

右の図のように，関数

$$y = -x^2 + 6x \quad (0 \leqq x \leqq 6) \quad \cdots\cdots ①$$

のグラフ上の点 P から x 軸に垂線 PH を下ろす。原点を O，
点 P の x 座標を t $(0 < t < 6)$ とするとき，次の問いに答えなさい。

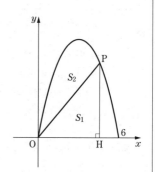

(1) $\triangle$POH の面積を S_1 とすると

$$S_1 = \frac{\boxed{\text{ア}\ \text{イ}}}{\boxed{\text{ウ}}} t^3 + \boxed{\text{エ}} t^2$$

と表され，S_1 は

$$t = \boxed{\text{オ}} \text{ のとき，最大値} \boxed{\text{カ}\ \text{キ}}$$

をとる。

(2) 放物線①と線分 OP で囲まれた図形の面積を S_2 とすると，

$$S_2 = \frac{\boxed{\text{ク}}}{\boxed{\text{ケ}}} t^3$$

であり，$S_1 = S_2$ を満たす t の値は

$$t = \frac{\boxed{\text{コ}}}{\boxed{\text{サ}}}$$

である。

解答

(1) 点 P の x 座標を t とするから,

△POH の底辺が OH $= t$, 高さが PH $= -t^2 + 6t$

となるので,

△POH の面積 S_1 は

$$S_1 = \frac{1}{2}(-t^2 + 6t)t = -\frac{1}{2}t^3 + 3t^2$$

$S_1 = f(t) = -\frac{1}{2}t^3 + 3t^2$ とおく。

t で微分して, $f'(t) = -\frac{3}{2}t^2 + 6t = -\frac{3}{2}t(t-4)$

$f'(t) = 0$ は, $t = 0,\ 4$　増減表は右のようになる。

よって, S_1 は $t = 4$ のとき, 最大値 **16** である。

t	0	$\cdots$	4	$\cdots$	6
$f'(t)$	0	$+$	0	$-$	
$f(t)$	0	↗	極大 16	↘	0

答　(ア) − 　(イ) 1　(ウ) 2　(エ) 3　(オ) 4　(カ) 1　(キ) 6

(2) $S_1 + S_2 = \displaystyle\int_0^t (-x^2 + 6x)\,dx = \left[-\frac{x^3}{3} + 3x^2 \right]_0^t = -\frac{t^3}{3} + 3t^2$

よって $S_2 = (S_1 + S_2) - S_1 = \left(-\dfrac{t^3}{3} + 3t^2 \right) - \left(-\dfrac{1}{2}t^3 + 3t^2 \right) = \dfrac{1}{6}t^3$

$S_1 = S_2$ は, $-\dfrac{1}{2}t^3 + 3t^2 = \dfrac{1}{6}t^3$　より

$-\dfrac{1}{2}t + 3 = \dfrac{1}{6}t$　（$0 < t < 6$ なので）

$\dfrac{2}{3}t = 3$　　　$t = \dfrac{9}{2}$

答　(ク) 1　(ケ) 6　(コ) 9　(サ) 2

— 27 —

数学　4月実施　　正解と配点

問題番号		記号	正解	配点
1	(1)	ア	3	4
		イ	3	
		ウ	—	
		エ	7	
	(2)	オ	3	4
		カ	2	
	(3)	キ	2	4
		ク	5	
		ケ	6	
	(4)	コ	3	4
		サ	5	
2	(1)	ア	3	3
		イ	—	
		ウ	6	
		エ	3	3
		オ	4	
	(2)	カ	3	4
		キ	2	
	(3)	ク	8	4
3	(1)	ア	4	4
		イ	2	
		ウ	3	
	(2)	エ	—	4
		オ	3	
		カ	—	
		キ	2	
	(3)	ク	2	4
		ケ	1	
		コ	5	
4	(1)	ア	—	4
		イ	3	
		ウ	4	
	(2)	エ	3	4
	(3)	オ	1	4
		カ	4	
		キ	9	
		ク	4	

問題番号		記号	正解	配点
5	(1)	ア	8	4
		イ	3	
		ウ	—	4
		エ	5	
		オ	—	
		カ	2	
	(2)	キ	2	4
		ク	3	
		ケ	—	4
		コ	4	
6	(1)	ア	2	4
		イ	1	
	(2)	ウ	3	3
		エ	1	3
		オ	6	
	(3)	カ	—	2
		キ	2	
		ク	9	2
		ケ	8	
7	(1)	ア	—	4
		イ	1	
		ウ	2	
		エ	3	
		オ	4	4
		カ	1	
		キ	6	
	(2)	ク	1	4
		ケ	6	
		コ	9	4
		サ	2	

1 次の各問いに答えなさい。

(1) $(\sqrt{6}-\sqrt{3})^2 = \boxed{\text{ア}} - \boxed{\text{イ}} \sqrt{\boxed{\text{ウ}}}$ である。

(2) 10点満点のテストを9人の生徒が受け，以下の結果を得た。

   9, 4, 6, 8, 9, 5, 10, 4, 8（点）

このデータの箱ひげ図として正しいものは $\boxed{\text{エ}}$ である。

$\boxed{\text{エ}}$ に適するものを下の〈選択肢〉から選び，番号で答えなさい。

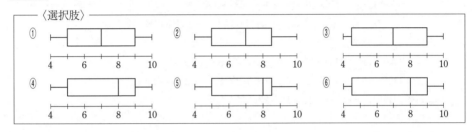

(3) $1101_{(2)} + 1110_{(2)}$ の答えを10進法で表すと $\boxed{\text{オ}}\boxed{\text{カ}}$ である。

ただし，$1101_{(2)}$，$1110_{(2)}$ は2進法で表された数である。

(4) 整式 A を $x^2 - x + 3$ で割ったときの商は $x - 2$，余りは $-3x + 7$ である。このとき

$$A = x^3 - \boxed{\text{キ}} x^2 + \boxed{\text{ク}} x + \boxed{\text{ケ}}$$

である。

(5) 等差数列 $\{a_n\}$ について，$a_4 = -3$，$a_9 = 17$ のとき，$a_{19} = \boxed{\text{コ}}\boxed{\text{サ}}$ である。

(6) $\triangle ABC$ において，$AB = 5$，$BC = 6$，$CA = 7$ であるとき

$$\cos B = \frac{\boxed{\text{シ}}}{\boxed{\text{ス}}}$$

である。

解　答

(1) 与式を展開して，

$$(\sqrt{6}-\sqrt{3})^2 = (\sqrt{6})^2 - 2\sqrt{6}\sqrt{3} + (\sqrt{3})^2$$
$$= 6 - 2\sqrt{18} + 3 = 9 - 2 \cdot 3\sqrt{2} = \mathbf{9 - 6\sqrt{2}}$$

答 （ア）**9** （イ）**6** （ウ）**2**

(2) データの値を小さい方から順に並べたとき,

$$4, \ 4, \ \underset{\underset{Q_1}{\uparrow}}{5}, \ 6, \ \underset{\underset{Q_2}{\uparrow}}{8}, \ 8, \ \underset{\underset{Q_3}{\uparrow}}{9}, \ 9, \ 10$$

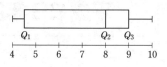

となる。ここで4等分する位置にくる値を上図に入れると,
小さい方から, 第1四分位数 Q_1, 第2四分位数 Q_2,
第3四分位数 Q_3 となる。

$$Q_1 = \frac{4+5}{2} = 4.5, \quad Q_2 = 8, \quad Q_3 = 9$$

となるから, 箱ひげ図は右図となり, ⑥である。

答 (エ) ⑥

(3) n 進法は,

$$a_k \cdot n^k + a_{k-1} \cdot n^{k-1} + \cdots + a_2 \cdot n^2 + a_1 \cdot n^1 + a_0 \cdot n^0$$

$\qquad$ ($a_0, \ a_1, \ a_2, \ \cdots, \ a_{k-1}, \ a_k$ は0以上 $n-1$ 以下の整数)

の形になる。よって,

$$1101_{(2)} \text{は} \quad 1 \cdot 2^3 + 1 \cdot 2^2 + 0 \cdot 2^1 + 1 \cdot 2^0 = 8 + 4 + 0 + 1 = 13$$
$$1110_{(2)} \text{は} \quad 1 \cdot 2^3 + 1 \cdot 2^2 + 1 \cdot 2^1 + 0 \cdot 2^0 = 8 + 4 + 2 + 0 = 14$$

よって, $1101_{(2)} + 1110_{(2)} = 13 + 14 = \mathbf{27}$

答 (オ) 2 (カ) 7

(4) 条件から, 次の等式が成り立つ。

$$A = (x^2 - x + 3)(x - 2) + (-3x + 7)$$

ゆえに, $A = x^3 - 2x^2 - x^2 + 2x + 3x - 6 - 3x + 7$
$$\qquad\qquad = x^3 - \mathbf{3}x^2 + \mathbf{2}x + \mathbf{1}$$

答 (キ) 3 (ク) 2 (ケ) 1

(5) 初項を a, 公差を d とすれば, 等差数列の一般項は

$$a_n = a + (n-1)d$$

よって, $a_4 = a + 3d = -3$ $\qquad \cdots\cdots$①
$$\qquad a_9 = a + 8d = 17 \qquad \cdots\cdots②$$

②-①で, $5d = 20$ $\qquad$ よって, $d = 4$

これを①に代入して, $a + 3 \cdot 4 = -3$ $\qquad$ よって, $a = -15$

求める等差数列の一般項は, $a_n = -15 + (n-1) \cdot 4 = 4n - 19$

したがって, $a_{19} = 4 \cdot 19 - 19 = \mathbf{57}$

答 (コ) 5 (サ) 7

(6)

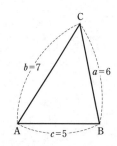

$\triangle ABC$ は左図のようになる。

$\triangle ABC$ に余弦定理を用いて

$$\cos B = \frac{a^2 + c^2 - b^2}{2ac}$$

$$= \frac{6^2 + 5^2 - 7^2}{2 \cdot 6 \cdot 5} = \frac{12}{2 \cdot 6 \cdot 5} = \frac{\mathbf{1}}{\mathbf{5}}$$

答 (シ) 1 (ス) 5

2 放物線 $y = x^2 - 10x + 21$ ……① について，次の問いに答えなさい。

(1) 放物線①の頂点は，点（ ア ，－ イ ）である。

(2) 放物線①の y 座標が正である部分の x の値の範囲は ウ である。 ウ に適するものを下の〈選択肢〉から選び，番号で答えなさい。

〈選択肢〉

① $x < -3$　　　② $x < -7$　　　③ $3 < x$

④ $7 < x$　　　⑤ $-7 < x < -3$　　　⑥ $x < -7,\ -3 < x$

⑦ $3 < x < 7$　　　⑧ $x < 3,\ 7 < x$

(3) 放物線①を

x 軸方向に エ

y 軸方向に オ

だけ平行移動すると，2点(5, 0)，(7, 0)を通る放物線となる。

解 答

(1) 2次式は基本形 $y = a(x-p)^2 + q$ に直すから，

$$x^2 - 10x + 21 = (x-5)^2 - 25 + 21$$
$$= (x-5)^2 - 4$$

ゆえに頂点は，点(**5**, **-4**) となる。

答（ア）**5**　（イ）**4**

(2) $y > 0$ であるから

$$x^2 - 10x + 21 > 0$$
$$(x-7)(x-3) > 0$$

よって，$x < 3,\ 7 < x$ となり，⑧である。

答（ウ）⑧

(3) 2点(5, 0)，(7, 0)を通る放物線なので，
グラフが軸に関して対称となるから，

$$軸の方程式 \quad x = \frac{5+7}{2} = 6$$

よって求める放物線は，$y = (x-6)^2 + p$ とおける。

これに(5, 0)を代入すると，

$$0 = (5-6)^2 + p$$
$$p = -1$$

すなわち $y = (x-6)^2 - 1$ となるので，頂点は(6, -1)。

①の頂点(5, -4)を右図のように，頂点(6, -1)に
移動したので，x 軸方向へ $6 - 5 = $ **1**，

y 軸方向へ $-1 - (-4) = $ **3** だけ平行移動した。

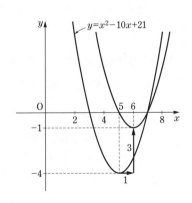

答（エ）**1**　（オ）**3**

【別解1】 放物線①の平行移動した式は $y=x^2+ax+b$ とおける。

これに $(5, 0)$, $(7, 0)$ を代入すると,

$$5^2+5a+b=0 \quad \text{よって} \quad 5a+b=-25 \quad \cdots\cdots ②$$
$$7^2+7a+b=0 \quad \text{よって} \quad 7a+b=-49 \quad \cdots\cdots ③$$

③$-$②より, $2a=-24 \quad a=-12$

これを②に代入して, $5\cdot(-12)+b=-25 \quad b=35$

よって $y=x^2-12x+35=(x-6)^2-36+35=(x-6)^2-1$

頂点が $(6, -1)$ となる。

【別解2】 $x=5$, $x=7$ で x 軸と交わる放物線は

$$y=a(x-5)(x-7)$$

また, ①の放物線より $a=1$

よって, $y=(x-5)(x-7)=x^2-12x+35=(x-6)^2-1$

で, 頂点が $(6, -1)$ となる。

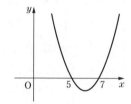

---

3 1, 2, 3, 4 の 4 個の数字を用いて 3 桁の整数を作るとき, 次の問いに答えなさい。

(1) 同じ数字をくり返し用いてもよいものとするとき, 3 桁の整数は全部で ア イ 個できる。

(2) 異なる 3 つの数字を用いるとき, 3 桁の整数は全部で ウ エ 個できる。

(3) (1)の 3 桁の整数の中から 1 つを選ぶとき, それが 2 種類の数から作られる整数である確率は

$$\frac{\boxed{オ}}{\boxed{カ}\boxed{キ}}$$

である。

解 答

(1) 3 桁について, どの位も, 1, 2, 3, 4 の 4 通りあるから,
異なる 4 個のものから 3 個とる重複順列であり,

$$4\cdot4\cdot4=4^3=\mathbf{64}(個)$$

答 （ア）6 （イ）4

(2) 異なる 4 個の数字から, 3 個を取って並べる順列の総数で

$$_4P_3=4\cdot3\cdot2=\mathbf{24}(個)$$

答 （ウ）2 （エ）4

(3) 余事象を考える。

すべて異なる場合は(2)より 24 個, すべて同じ数字の場合は 4 個,
全体は(1)より 64 個。

よって, 2 種類の数字から作られる整数は, $64-(24+4)=36$(個)

よって, 確率は, $\dfrac{36}{64}=\dfrac{9}{16}$ となる。

答 （オ）9 （カ）1 （キ）6

【別解】 3桁で2種類の数字なので，1つの数字が2個，他の数字が1個である。

まず，4種類から2種類を選ぶ組み合わせは，$_4C_2 = \dfrac{4 \cdot 3}{2} = 6$

並び方は，たとえば，$\boxed{2}\boxed{2}\boxed{1}$，$\boxed{2}\boxed{1}\boxed{2}$，$\boxed{1}\boxed{2}\boxed{2}$ の3通りで，数字のどちらを2個にするかで2通りある。

よって，2種類の数字から作られる整数は $6 \times 3 \times 2 = 36$（個）あり，

確率は，$\dfrac{36}{64} = \dfrac{9}{16}$

$\boxed{4}$　　　円：$x^2 + y^2 - 4x - 2y + 4 = 0$　　……①

と　　直線：$ax - y = 0$　　　　　　……②

について，次の問いに答えなさい。ただし，a は定数とする。

(1) 円①の中心は点($\boxed{\text{ア}}$，$\boxed{\text{イ}}$)で，半径は $\boxed{\text{ウ}}$ である。

(2) 直線②と直線 $3x + 5y - 2 = 0$ が垂直であるとき

$$a = \dfrac{\boxed{\text{エ}}}{\boxed{\text{オ}}}$$

である。

(3) 円①と直線②が接するとき

$$a = \boxed{\text{カ}}, \quad \dfrac{\boxed{\text{キ}}}{\boxed{\text{ク}}}$$

である。

【解 答】

(1) 円の方程式①を変形すると

$$(x-2)^2 + (y-1)^2 - 4 - 1 + 4 = 0$$

ゆえに，$(x-2)^2 + (y-1)^2 = 1$

これより，中心$(2, 1)$で，半径1の円である。

答 (ア) 2　(イ) 1　(ウ) 1

(2) 2直線 $\begin{cases} a_1x + b_1y + c_1 = 0 \\ a_2x + b_2y + c_2 = 0 \end{cases}$ 　2直線が平行 $\leftrightarrow a_1b_2 - a_2b_1 = 0$
　　　2直線が垂直 $\leftrightarrow a_1a_2 + b_1b_2 = 0$

より $\begin{cases} ax - y = 0 \\ 3x + 5y - 2 = 0 \end{cases}$ が垂直になるのは，$3a + (-1)\cdot 5 = 0$

よって，$a = \dfrac{5}{3}$

答 (エ) 5　(オ) 3

【別解】　2直線 $\begin{cases} y = m_1 x + n_1 \\ y = m_2 x + n_2 \end{cases}$　　2直線が平行 $\leftrightarrow m_1 = m_2$
　　　　　　　　　　　　　　　　　　2直線が垂直 $\leftrightarrow m_1 m_2 = -1$

より，$ax - y = 0$ の傾きは a

$3x + 5y - 2 = 0$ の傾きは，変形して　$y = -\dfrac{3}{5}x + \dfrac{2}{5}$ となり，$-\dfrac{3}{5}$ である。

垂直条件より，$a\left(-\dfrac{3}{5}\right) = -1$　　　したがって，$a = \dfrac{5}{3}$

(3)　右図のように，①は原点を通る直線で，
②は中心(2, 1)，半径1の円である。

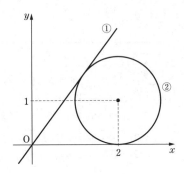

また，点$(x_1,\ y_1)$と直線 $ax + by + c = 0$　の距離 d は

$$d = \dfrac{|ax_1 + by_1 + c|}{\sqrt{a^2 + b^2}}$$　である。

直線①と円②が接する条件は，円②の中心(2, 1)から，
直線への距離 d が半径1となることである。

よって，$\dfrac{|2a - 1|}{\sqrt{a^2 + (-1)^2}} = 1$

　　　　$|2a - 1| = \sqrt{a^2 + 1}$

両辺を平方して，$4a^2 - 4a + 1 = a^2 + 1$

　　　　　　　$3a^2 - 4a = 0$

　　　　　　　$a(3a - 4) = 0$　　　より，$a = 0,\ \dfrac{4}{3}$

答（カ）0　（キ）4　（ク）3

【別解】　②の $y = ax$ を，①の $x^2 + y^2 - 4x - 2y + 4 = 0$ に代入して，

　　　　$x^2 + (ax)^2 - 4x - 2 \cdot ax + 4 = 0$

　　　$(a^2 + 1)x^2 - (4 + 2a)x + 4 = 0$

接する条件は重解であるから，判別式 $D = 0$

　　　$\dfrac{D}{4} = (2 + a)^2 - (a^2 + 1) \cdot 4 = a^2 + 4a + 4 - (4a^2 + 4) = -3a^2 + 4a = 0$

　　　$a(-3a + 4) = 0$　より，$a = 0,\ \dfrac{4}{3}$

5 次の各問いに答えなさい。

(1) $0 \leqq \theta \leqq \pi$ で，$\cos\theta = -\dfrac{3}{4}$ のとき

$$\sin\theta = \frac{\sqrt{\boxed{ア}}}{\boxed{イ}}$$

である。

(2) $\cos\theta = \dfrac{\sqrt{2}}{3}$ のとき

$$\cos 2\theta = \frac{\boxed{ウ}\,\boxed{エ}}{\boxed{オ}}$$

である。

(3) $0 \leqq \theta < 2\pi$ のとき，関数 $y = 2\sin\theta + \cos\theta$ の最大値は $\sqrt{\boxed{\quad カ \quad}}$ である。

【解 答】

(1) $\sin^2\theta + \cos^2\theta = 1$ より

$$\sin^2\theta = 1 - \cos^2\theta = 1 - \left(-\frac{3}{4}\right)^2 = 1 - \frac{9}{16} = \frac{7}{16}$$

$0 \leqq \theta \leqq \pi$ より　$\sin\theta \geqq 0$ であるから，$\sin\theta = \sqrt{\dfrac{7}{16}} = \dfrac{\sqrt{7}}{4}$

答（ア）**7**　（イ）**4**

(2) 2倍角の公式より

$$\cos 2\theta = \cos^2\theta - \sin^2\theta = 2\cos^2\theta - 1$$

$$= 2\left(\frac{\sqrt{2}}{3}\right)^2 - 1 = \frac{4}{9} - 1 = -\frac{5}{9}$$

答（ウ）**−**　（エ）**5**　（オ）**9**

(3) 三角関数の合成　$a\sin\theta + b\cos\theta = \sqrt{a^2 + b^2}\,\sin(\theta + \alpha)$　より

$$2\sin\theta + \cos\theta = \sqrt{2^2 + 1^2}\,\sin(\theta + \alpha)\quad ただし，\ \sin\alpha = \frac{1}{\sqrt{5}},\ \cos\alpha = \frac{2}{\sqrt{5}}$$

$$= \sqrt{5}\,\sin(\theta + \alpha)$$

$0 \leqq \theta < 2\pi$ のとき，$\alpha \leqq \theta + \alpha < 2\pi + \alpha$　となり

　　$-1 \leqq \sin(\theta + \alpha) \leqq 1$　である。

よって，最大値は，$\sqrt{5}$ となる。

答（カ）**5**

6 次の各問いに答えなさい。

(1) 関数 $y=2^{-x}$ について，$x=3$ のとき

$$y = \frac{\boxed{\text{ア}}}{\boxed{\text{イ}}}$$

である。

(2) 方程式 $3^{x+1}=81$ を解くと

$$x = \boxed{\text{ウ}}$$

である。

(3) 関数 $y=\log_3(2x^2-8x+9)$ について $1 \leqq x \leqq 4$ のとき

y の最大値は $\boxed{\text{エ}}$

y の最小値は $\boxed{\text{オ}}$

である。

解 答

(1) $x=3$ を代入すると，$y=2^{-3}=\dfrac{1}{2^3}=\dfrac{1}{8}$

答 (ア) 1 (イ) 8

(2) $81=3^4$ となるので，方程式は $3^{x+1}=3^4$

よって，$x+1=4$ ゆえに $x=3$

答 (ウ) 3

(3) $t=2x^2-8x+9$ とおくと，変形して

$\quad t=2(x^2-4x)+9$

$\quad\ \ =2(x-2)^2-8+9$

$\quad\ \ =2(x-2)^2+1$ で，頂点 $(2,\ 1)$

$1 \leqq x \leqq 4$ のとき右図より，$1 \leqq t \leqq 9$

与式の底が 3 で 1 より大きいので，t が最大のときが y の最大値となり，t が最小のときが y の最小値となるから

$\quad y$ の最大値は，$x=4$ のとき $\log_3 9=\log_3 3^2=2\log_3 3=2$

$\quad y$ の最小値は，$x=2$ のとき $\log_3 1=0$

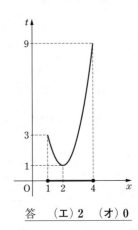

答 (エ) 2 (オ) 0

7 関数 $f(x)=x^3-3x^2-9x+20$ について，次の問いに答えなさい。

(1) $f'(4)=\boxed{\text{ア}\ \text{イ}}$ である。

(2) $f(x)$ は $x=\boxed{\text{ウ}}$ のとき，極小値 $\boxed{\text{エ}\ \text{オ}}$ をとる。

(3) $g(x)=f'(x)$ とするとき，$y=g(x)$ のグラフと x 軸で囲まれた部分の面積は $\boxed{\text{カ}\ \text{キ}}$ である。

解答

(1) $f(x)=x^3-3x^2-9x+20$ を微分すると

$f'(x)=3x^2-6x-9$ となり，$x=4$ を代入して，

$f'(4)=3\cdot4^2-6\cdot4-9=48-24-9=\mathbf{15}$

答（ア）**1** （イ）**5**

(2) $f'(x)=3x^2-6x-9=3(x^2-2x-3)$

$\qquad\qquad\quad =3(x-3)(x+1)$

よって，$f'(x)=0$ は，$x=-1$，3 である。

$f(x)$ の増減表は右の表のようになる。

よって，$x=3$ のとき，

極小値 $f(3)=3^3-3\cdot3^2-9\cdot3+20=\mathbf{-7}$ をとる。

x	$\cdots$	-1	$\cdots$	3	$\cdots$
$f'(x)$	$+$	0	$-$	0	$+$
$f(x)$	↗	極大	↘	極小	↗

答（ウ）**3** （エ）**−** （オ）**7**

(3) (1)より，$g(x)=3x^2-6x-9=3(x-3)(x+1)$

また，$g(x)=0$ より，$x=-1$，3 で x 軸と交わる。

放物線と面積の関係 $\displaystyle\int_\alpha^\beta (x-\alpha)(x-\beta)\,dx=-\frac{1}{6}(\beta-\alpha)^3$

を活用する。

$y=g(x)$ のグラフと x 軸で囲まれた部分の面積を S とすると，

$\displaystyle S=-\int_{-1}^{3}3(x-3)(x+1)\,dx=-3\int_{-1}^{3}(x-3)(x+1)\,dx$

$\displaystyle =\frac{3}{6}\{3-(-1)\}^3=\frac{1}{2}\cdot4^3=\mathbf{32}$

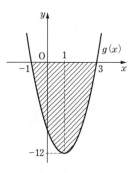

答（カ）**3** （キ）**2**

【別解】 $\displaystyle S=-\int_{-1}^{3}(3x^2-6x-9)\,dx=-\Big[\,x^3-3x^2-9x\,\Big]_{-1}^{3}$

$=-(3^3-3\cdot3^2-9\cdot3)+\{(-1)^3-3(-1)^2-9(-1)\}=27+5=\mathbf{32}$

8 次の各問いに答えなさい。

(1) $\vec{a}=(-2,\ 1)$, $\vec{b}=(-3,\ 2)$ のとき

$$\vec{a}\cdot\vec{b}=\boxed{\ \text{ア}\ },\quad |\vec{a}|=\sqrt{\boxed{\ \text{イ}\ }}$$

である。

(2) 右の図の△OAB において，辺 AB を 3：2 に内分する点を P とすると

$$\overrightarrow{\text{OP}}=\frac{\boxed{\ \text{ウ}\ }}{\boxed{\ \text{エ}\ }}\overrightarrow{\text{OA}}+\frac{\boxed{\ \text{オ}\ }}{\boxed{\ \text{エ}\ }}\overrightarrow{\text{OB}}$$

である。

(3) (2)において，線分 OP の中点を Q，BQ の延長と辺 OA の交点を R とすると

$$\text{OR}:\text{RA}=\boxed{\ \text{カ}\ }:\boxed{\ \text{キ}\ }$$

である。

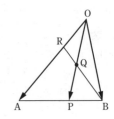

解答

(1) $\vec{a}=(a_1,\ a_2)$, $\vec{b}=(b_1,\ b_2)$ のとき，

$\vec{a}$, $\vec{b}$ のなす角を θ とすると，内積は $\vec{a}\cdot\vec{b}=a_1b_1+a_2b_2$, $\cos\theta=\dfrac{\vec{a}\cdot\vec{b}}{|\vec{a}||\vec{b}|}$

よって，$\vec{a}=(-2,\ 1)$, $\vec{b}=(-3,\ 2)$ のとき

$\vec{a}\cdot\vec{b}=(-2)\cdot(-3)+1\cdot2=\textbf{8}$

また，$|\vec{a}|^2=\vec{a}\cdot\vec{a}$ なので，$|\vec{a}|^2=(-2)^2+1^2=5$　　よって，$|\vec{a}|=\sqrt{\textbf{5}}$

答（ア）8　（イ）5

(2) 線分 AB の分点の位置ベクトルは，

AB を $m:n$ に内分する点を P とすると，$\overrightarrow{\text{OP}}=\dfrac{n\vec{a}+m\vec{b}}{m+n}$

よって，$\overrightarrow{\text{OP}}=\dfrac{2\overrightarrow{\text{OA}}+3\overrightarrow{\text{OB}}}{3+2}=\dfrac{2}{5}\overrightarrow{\text{OA}}+\dfrac{3}{5}\overrightarrow{\text{OB}}$

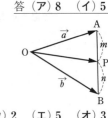

答（ウ）2　（エ）5　（オ）3

(3) △OAP において，メネラウスの定理より

$$\frac{\text{AB}}{\text{BP}}\cdot\frac{\text{PQ}}{\text{QO}}\cdot\frac{\text{OR}}{\text{RA}}=1\quad \text{を用いて}$$

$$\frac{5}{2}\cdot\frac{1}{1}\cdot\frac{\text{OR}}{\text{RA}}=1\quad \text{よって，}\quad \frac{\text{OR}}{\text{RA}}=\frac{2}{5}$$

したがって，OR：RA ＝ **2：5**

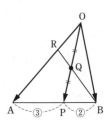

答（カ）2　（キ）5

【参考】 メネラウスの定理

△ABC の辺 BC，CA，AB またはその延長が，頂点を通らない直線 l と，それぞれ P，Q，R で交わるとき，$\dfrac{\text{BP}}{\text{PC}}\cdot\dfrac{\text{CQ}}{\text{QA}}\cdot\dfrac{\text{AR}}{\text{RB}}=1$ が成り立つ。

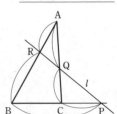

【別解】　OR：RA $= t : 1-t$

BQ：QR $= s : 1-s$　とおく。

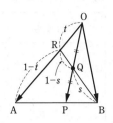

$$\overrightarrow{OQ} = \frac{1}{2}\,\overrightarrow{OP} = \frac{1}{2}\left(\frac{2}{5}\,\overrightarrow{OA} + \frac{3}{5}\,\overrightarrow{OB}\right)$$

$$= \frac{1}{5}\,\overrightarrow{OA} + \frac{3}{10}\,\overrightarrow{OB}$$

一方，$\overrightarrow{OQ} = s\,\overrightarrow{OR} + (1-s)\overrightarrow{OB}$

$$= st\,\overrightarrow{OA} + (1-s)\overrightarrow{OB}$$

$\overrightarrow{OA} \neq \vec{0},\ \overrightarrow{OB} \neq \vec{0},\ \overrightarrow{OA} \not\parallel \overrightarrow{OB}$　$(\overrightarrow{OA}$ と $\overrightarrow{OB}$ が1次独立)であるから，

$$\begin{cases} \dfrac{1}{5} = st \\ \dfrac{3}{10} = 1-s \end{cases}$$　これを解いて，$s = \dfrac{7}{10},\ t = \dfrac{2}{7}$

よって，$t : 1-t = \dfrac{2}{7} : \dfrac{5}{7} = 2 : 5$

すなわち，OR：RA $= \mathbf{2} : \mathbf{5}$　である。

数学　9月実施　文系　　正解と配点　　（70分，100点満点）

問題番号	設問	正解	配点
1	(1)	ア 9	4
		イ 6	
		ウ 2	
	(2)	エ ⑥	4
	(3)	オ 2	4
		カ 7	
	(4)	キ 3	4
		ク 2	
		ケ 1	
	(5)	コ 5	4
		サ 7	
	(6)	シ 1	4
		ス 5	
2	(1)	ア 5	4
		イ 4	
	(2)	ウ ⑧	3
	(3)	エ 1	4
		オ 3	
3	(1)	ア 6	3
		イ 4	
	(2)	ウ 2	4
		エ 4	
	(3)	オ 9	4
		カ 1	
		キ 6	
4	(1)	ア 2	2
		イ 1	
		ウ 1	2
	(2)	エ 5	3
		オ 3	
	(3)	カ 0	2
		キ 4	2
		ク 3	

問題番号	設問	正解	配点
5	(1)	ア 7	3
		イ 4	
	(2)	ウ －	3
		エ 5	
		オ 9	
	(3)	カ 5	4
6	(1)	ア 1	3
		イ 8	
	(2)	ウ 3	4
	(3)	エ 2	2
		オ 0	2
7	(1)	ア 1	3
		イ 5	
	(2)	ウ 3	2
		エ －	2
		オ 7	
	(3)	カ 3	4
		キ 2	
8	(1)	ア 8	2
		イ 5	2
	(2)	ウ 2	3
		エ 5	
		オ 3	
	(3)	カ 2	4
		キ 5	

---

1 次の各問いに答えなさい。

(1) 2次関数 $y=2x^2+8x+5$ のグラフを x 軸方向に3, y 軸方向に -2 だけ平行移動したグラフを表す式は

$$y=2x^2-\boxed{\text{ア}}\,x-\boxed{\text{イ}}$$

である。

(2) 1辺の長さが9の正三角形の外接円の半径は

$$\boxed{\text{ウ}}\sqrt{\boxed{\text{エ}}}$$

である。

(3) 2次方程式 $x^2-5x+2=0$ の2つの解を α, β とするとき

$$\frac{1}{\alpha}+\frac{1}{\beta}=\frac{\boxed{\text{オ}}}{\boxed{\text{カ}}}$$

である。

(4) 点 $(7, -1)$ を通り, 直線 $2x-6y+3=0$ に垂直な直線の方程式は

$$\boxed{\text{キ}}\,x+y-\boxed{\text{ク}}\boxed{\text{ケ}}=0$$

である。

(5) $\displaystyle\lim_{x\to 2}\frac{2-x}{\sqrt{x+2}-\sqrt{2x}}=\boxed{\text{コ}}$

である。

(6) 楕円 $\dfrac{x^2}{2}+\dfrac{y^2}{6}=1$ の焦点の座標は

$$\left(\boxed{\text{サ}}, \boxed{\text{シ}}\right), \left(\boxed{\text{サ}}, -\boxed{\text{シ}}\right)$$

である。

(7) 関数 $y=\dfrac{2x-5}{3x-4}$ の逆関数は

$$y=\frac{\boxed{\text{ス}}\,x-\boxed{\text{セ}}}{\boxed{\text{ソ}}\,x-\boxed{\text{タ}}}$$

である。

解 答

(1) $y=f(x)$ のグラフの平行移動は, x 軸方向に p, y 軸方向に q のとき,

$$y=f(x) \longrightarrow y-q=f(x-p) \quad \text{である。}$$

よって, x 軸方向に3, y 軸方向に -2 だけ平行移動したグラフは

$$y-(-2)=2(x-3)^2+8(x-3)+5$$

すなわち $y=2x^2-4x-3$

答 （ア）4 （イ）3

(2) 正三角形の各頂点を A，B，C とする。

△ABC に正弦定理を用いると

$$\frac{a}{\sin A}=\frac{b}{\sin B}=\frac{c}{\sin C}=2R$$

より，$\dfrac{9}{\sin 60^\circ}=2R$　　　$\therefore\ R=\dfrac{9}{2\sin 60^\circ}=\dfrac{9}{2\cdot\dfrac{\sqrt{3}}{2}}$

$$=\frac{9}{\sqrt{3}}=\boldsymbol{3\sqrt{3}}$$

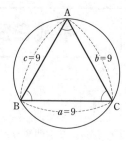

答 （ウ）3 （エ）3

(3) 2次方程式 $x^2-5x+2=0$ の 2 つの解を α，β とすると，

解と係数の関係より $\begin{cases}\alpha+\beta=-\dfrac{-5}{1}=5\\[2mm]\alpha\beta=\dfrac{2}{1}=2\end{cases}$

$$\frac{1}{\alpha}+\frac{1}{\beta}=\frac{\alpha+\beta}{\alpha\beta}=\boldsymbol{\frac{5}{2}}$$

答 （オ）5 （カ）2

(4) 直線 $2x-6y+3=0$ を変形して，$y=\dfrac{1}{3}x+\dfrac{1}{2}$ から，傾きは $\dfrac{1}{3}$

垂直条件 $mm'=-1$ より，垂直な直線の傾きは　$\dfrac{1}{3}\cdot m'=-1$　より，$m'=-3$

これが点 $(7,\ -1)$ を通るので，
$$y-(-1)=-3(x-7)$$
すなわち　$y=-3x+20$
よって，$\boldsymbol{3x+y-20=0}$

答 （キ）3 （ク）2 （ケ）0

(5) 分母・分子に，$\sqrt{x+2}+\sqrt{2x}$ を掛ける。

$$\lim_{x\to 2}\frac{2-x}{\sqrt{x+2}-\sqrt{2x}}=\lim_{x\to 2}\frac{(2-x)(\sqrt{x+2}+\sqrt{2x})}{(\sqrt{x+2}-\sqrt{2x})(\sqrt{x+2}+\sqrt{2x})}$$

$$=\lim_{x\to 2}\frac{(2-x)(\sqrt{x+2}+\sqrt{2x})}{x+2-2x}=\lim_{x\to 2}\frac{(2-x)(\sqrt{x+2}+\sqrt{2x})}{2-x}$$

$$=\lim_{x\to 2}(\sqrt{x+2}+\sqrt{2x})=\sqrt{2+2}+\sqrt{2\cdot 2}=2+2=\boldsymbol{4}$$

答 （コ）4

(6) 楕円 $\dfrac{x^2}{a^2}+\dfrac{y^2}{b^2}=1\ (b>a>0)$ は，中心は原点，長軸の長さは $2b$，短軸の長さは $2a$

　焦点は $\mathrm{F}(0,\ c)$，$\mathrm{F}'(0,\ c')$，$c=\sqrt{b^2-a^2}$

　　$\dfrac{x^2}{\sqrt{2}^2}+\dfrac{y^2}{\sqrt{6}^2}=1$ の焦点は，$c=\sqrt{\sqrt{6}^2-\sqrt{2}^2}=\sqrt{4}=2$　より

　焦点の座標は，$\mathrm{F}(\mathbf{0},\ \mathbf{2})$，$\mathrm{F}'(\mathbf{0},\ -\mathbf{2})$　である。

答（サ）0　（シ）2

(7) 関数 $y=\dfrac{ax+b}{cx+d}$ が逆関数をもつ条件は $ad-bc\neq0$ である。

　関数 $y=\dfrac{2x-5}{3x-4}$ は，$2\cdot(-4)-(-5)\cdot3=-8+15=7$　　よって逆関数をもつ。

　x と y を入れかえて，$x=\dfrac{2y-5}{3y-4}$

　　　　$x(3y-4)=2y-5$
　　　　$3xy-4x=2y-5$
　　　　$3xy-2y=4x-5$
　　　　$(3x-2)y=4x-5$

　よって，$y=\dfrac{4x-5}{3x-2}$

答（ス）4　（セ）5　（ソ）3　（タ）2

2

次の各問いに答えなさい。

(1) ある高校の生徒200人の靴のサイズを調査し，そのデータを
右のような箱ひげ図に表した。次の①～④のうち，この箱ひ
げ図から読みとれることとして正しいものは ア である。
ア に適するものを下の〔選択肢〕から選び，番号で答え
なさい。

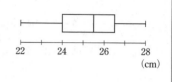

〔選択肢〕

① 生徒200人の靴のサイズの平均値は25.0cm以上である。

② 靴のサイズが27.0cm以上の生徒は50人より多い。

③ 靴のサイズが24.0cm以上の生徒は150人以上いる。

④ 靴のサイズが25.0cm未満の生徒の数は25.0cm以上の生徒の数より多い。

(2) 418と285の最大公約数は イ ウ である。

(3) 1次不定方程式

$$7x + 13y = 1$$

の整数解のうち，y が1桁の自然数となるときの y の値は

$$y = \boxed{エ}$$

である。

解 答

(1) データの値を小さい方から順に並べたとき，4等分する位置
にくる3つの値は，小さい方から，第1四分位数 Q_1，第2四
分位数 Q_2，第3四分位数 Q_3 である。

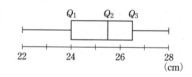

200人の Q_1 は下から50番と51番の間，Q_2 は100番と101番
の間，Q_3 は150番と151番の間となる。

① 箱ひげ図では平均値は読みとれない。

② 27.0cmは Q_3 より右なので，27.0cm以上の生徒は50人より少なくなり，不正解。

③ 24.0cmは Q_1 なので，24.0cm以上の生徒は150人おり，正解。

④ 25.0cmは Q_2 より左なので，25.0cm未満の生徒は25.0cm以上の生徒の数より少なくなり，
不正解。

以上より，正しいのは ③である。

答（ア）③

(2) 素因数分解をすれば

$$418 = 2 \cdot 11 \cdot 19$$

$$285 = 3 \cdot 5 \cdot 19$$

よって最大公約数は **19**

答（イ）1 （ウ）9

(3) $7x + 13y = 1 \cdots\cdots$①

$x = 2$, $y = -1$ は①の整数解の1つである。

よって $7 \cdot 2 + 13 \cdot (-1) = 1 \cdots\cdots$②

① $-$ ②から，$7(x-2) + 13(y+1) = 0$

すなわち，$7(x-2) = -13(y+1) \cdots\cdots$③

7と13は互いに素であるから，$x-2$ は13の倍数である。

ゆえに，k を整数として，$x-2 = 13k$ と表される。

③に代入して，$7 \cdot 13k = -13(y+1)$ すなわち $y+1 = -7k$

よって，$x = 13k+2$, $y = -7k-1$ (k は整数)

y が1桁の自然数なので，$k = -1$ のとき，$y = -7 \cdot (-1) - 1 = $ **6**

答（エ）**6**

3 1から5までの数字が1つずつ書かれた5枚のカードから異なる4枚を無作為に選び, それら
を並べて4桁の整数を作るとき, 次の問いに答えなさい。

(1) 4桁の整数は全部で $\boxed{\text{ア}\ \text{イ}\ \text{ウ}}$ 個できる。

(2) 4桁の整数が偶数である確率は

$$\frac{\boxed{\text{エ}}}{\boxed{\text{オ}}}$$

である。

(3) 4桁の整数が偶数であるとき, それが6の倍数である条件付き確率は

$$\frac{\boxed{\text{カ}}}{\boxed{\text{キ}}}$$

である。

解 答

(1) 異なる5枚のカードから, 4枚を取って並べる順列の総数で

$$_5\mathrm{P}_4 = 5 \cdot 4 \cdot 3 \cdot 2 = 120 \, (\text{個})$$

答 （**ア**）1 （**イ**）2 （**ウ**）0

(2) 偶数であるから, 一の位は2, 4のいずれか2通り。

そのおのおのについて, 千, 百, 十の位は残り4枚から3枚を取る順列で

$$_4\mathrm{P}_3 \, (\text{通り})$$

よって偶数となる事象 A は, $2 \times {}_4\mathrm{P}_3 = 2 \cdot 4 \cdot 3 \cdot 2 = 48 \, (\text{通り})$。

全事象は(1)より120通り。

よって求める確率は, $P(A) = \dfrac{48}{120} = \dfrac{2}{5}$

答 （**エ**）2 （**オ**）5

(3) 6の倍数となるのは, 偶数であり, かつ3の倍数である。3の倍数の事象を B とする。

3の倍数となるための条件は, 各位の数字の和が3の倍数になることである。

1, 2, 3, 4, 5のうち, 和が3の倍数になる4枚の組は(1, 2, 4, 5)のみである。

このうち一の位に2, 4の2通りで, 6の倍数になる。

よって, $2 \times {}_3\mathrm{P}_3 = 2 \cdot 3 \cdot 2 \cdot 1 = 12 \, (\text{通り})$

よって, 6の倍数の確率は, $P(A \cap B) = \dfrac{12}{120} = \dfrac{1}{10}$

$$P(A \cap B) = P(A) \cdot P_A(B)$$

よって, $P_A(B) = \dfrac{P(A \cap B)}{P(A)} = \dfrac{\frac{1}{10}}{\frac{2}{5}} = \dfrac{1}{4}$

答 （**カ**）1 （**キ**）4

4 次の各問いに答えなさい。

(1) 3次関数 $y = x^3 + 6x^2 + 9x + 10$ について

極大値は $\boxed{\text{ア}\ \text{イ}}$, 極小値は $\boxed{\ \text{ウ}\ }$

である。

(2) 放物線 $y = -x^2 + 7x - 4$ ……① について

(i) 傾きが -1 で, 放物線①に接する接線の方程式は

$y = -x + \boxed{\text{エ}\ \text{オ}}$ ……②

である。

(ii) 放物線①と接線②と y 軸で囲まれた部分の面積は

$$\frac{\boxed{\text{カ}\ \text{キ}}}{\boxed{\ \text{ク}\ }}$$

である。

【解 答】

(1) 与式を微分して,

$$y' = 3x^2 + 12x + 9$$
$$= 3(x+1)(x+3)$$

$y' = 0$ とすると, $x = -1, -3$

y の増減表は右のようになる。

よって, $x = -3$ のとき極大値 **10**

$x = -1$ のとき極小値 **6** をとる。

x	$\cdots$	-3	$\cdots$	-1	$\cdots$
y'	$+$	0	$-$	0	$+$
y	↗	極大 10	↘	極小 6	↗

答 （ア）1 （イ）0 （ウ）6

(2) (i) $f(x) = -x^2 + 7x - 4$ とすると

$$f'(x) = -2x + 7$$

点 A$(a, -a^2 + 7a - 4)$ における接線の方程式は

$$y - (-a^2 + 7a - 4) = (-2a + 7)(x - a) \quad \text{……③}$$

この直線の傾きが -1 より

$$-2a + 7 = -1 \qquad \text{ゆえに, } a = 4$$

これを③に代入して, $y = -x + 12$

答 （エ）1 （オ）2

【別解】 ②を $y = -x + m$ とおき,

②＝①より, $-x + m = -x^2 + 7x - 4$

$$x^2 - 8x + m + 4 = 0$$

接するので, この2次方程式の判別式は $D = 0$ である。

$$D = 8^2 - 4(m+4) = 48 - 4m = 0$$
$$m = 12$$

(ii) ①と②の接点の座標は$(4, 8)$であり，
求める部分の面積Sは右図の斜線の部分になる。

$$S = \int_0^4 \{(-x+12) - (-x^2+7x-4)\} dx$$

$$= \int_0^4 (x^2 - 8x + 16) dx$$

$$= \int_0^4 (x-4)^2 dx$$

$$= \left[\frac{1}{3}(x-4)^3 \right]_0^4$$

$$= \frac{1}{3}(4-4)^3 - \frac{1}{3}(0-4)^3$$

$$= \frac{64}{3}$$

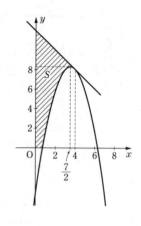

答 （カ）6　（キ）4　（ク）3

5　次の各問いに答えなさい。

(1) $\sin A = \dfrac{\sqrt{2}}{4}$ のとき，$\cos 2A = \dfrac{\boxed{\text{ア}}}{\boxed{\text{イ}}}$

である。

(2) 関数 $y = \sin^2 x - \cos x$ について，$0 \leq x < 2\pi$ における関数 y の最大値は $\dfrac{\boxed{\text{ウ}}}{\boxed{\text{エ}}}$ である。

(3) $0 \leq \theta < 2\pi$ のとき，$\sin\theta - \cos\theta > \dfrac{1}{\sqrt{2}}$ を満たす θ の値の範囲は

$$\frac{\boxed{\text{オ}}}{12}\pi < \theta < \frac{\boxed{\text{カ}}\ \boxed{\text{キ}}}{12}\pi$$

である。

解　答

(1) 2倍角の公式より

$$\cos 2A = 1 - 2\sin^2 A = 1 - 2\left(\frac{\sqrt{2}}{4}\right)^2 = 1 - \frac{4}{16} = \frac{3}{4}$$

答 （ア）3　（イ）4

(2) $\sin^2 x + \cos^2 x = 1$　より

与式は，$y = 1 - \cos^2 x - \cos x$

$$= -\left(\cos x + \frac{1}{2}\right)^2 + \frac{5}{4}$$

$0 \leq x < 2\pi$ であるから，$-1 \leq \cos x \leq 1$　である。

右図より，$\cos x = -\dfrac{1}{2}$ のとき，最大値$\dfrac{5}{4}$である。

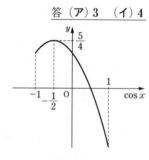

答 （ウ）5　（エ）4

(3) 三角関数の合成より, $\sin\theta - \cos\theta = \sqrt{2}\sin\left(\theta - \dfrac{\pi}{4}\right)$ である。

ゆえに, $\sqrt{2}\sin\left(\theta - \dfrac{\pi}{4}\right) > \dfrac{1}{\sqrt{2}}$ を満たす θ の値を求める。

$\theta - \dfrac{\pi}{4} = t$ とおくと, $0 \le \theta < 2\pi$ のとき,

$$-\dfrac{\pi}{4} \le \theta - \dfrac{\pi}{4} < 2\pi - \dfrac{\pi}{4} \quad \text{すなわち,} \quad -\dfrac{\pi}{4} \le t < \dfrac{7}{4}\pi$$

よって, $\sqrt{2}\sin t > \dfrac{1}{\sqrt{2}}$ より $\sin t > \dfrac{1}{2}$

右図より, $\dfrac{\pi}{6} < t < \dfrac{5}{6}\pi$ よって, $\dfrac{\pi}{6} < \theta - \dfrac{\pi}{4} < \dfrac{5}{6}\pi$

したがって, $\dfrac{5}{12}\pi < \theta < \dfrac{13}{12}\pi$ である。

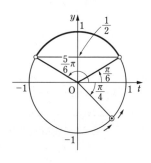

答 (オ) 5 (カ) 1 (キ) 3

---

6 次の各問いに答えなさい。

(1) 2つのベクトル $\vec{a} = (x, -2)$, $\vec{b} = (1-x, 4)$ が平行であるとき
$$x = \boxed{\text{ア}\ \text{イ}}$$
である。

(2) $\triangle \text{OAB}$ において, $\text{OA} = 4$, $\text{OB} = 3$, $\overrightarrow{\text{OA}} \cdot \overrightarrow{\text{OB}} = 2$ のとき
$$\cos\angle\text{AOB} = \dfrac{\boxed{\text{ウ}}}{\boxed{\text{エ}}}$$
である。

(3) (2)の $\triangle\text{OAB}$ において, 辺 AB 上に点 C を $\text{OC} \perp \text{AB}$ となるようにとるとき
$$\overrightarrow{\text{OC}} = \dfrac{\boxed{\text{オ}}}{\boxed{\text{カ}}}\overrightarrow{\text{OA}} + \dfrac{\boxed{\text{キ}}}{\boxed{\text{カ}}}\overrightarrow{\text{OB}}$$
である。

〔解 答〕

(1) 2つのベクトル $\vec{a} = (a_1, a_2)$, $\vec{b} = (b_1, b_2)$ $(\vec{a} \ne \vec{0},\ \vec{b} \ne \vec{0})$ について
$$\vec{a} /\!/ \vec{b} \Longleftrightarrow \vec{b} = k\vec{a} \text{ となる実数がある。}$$
$$\Longleftrightarrow a_1 b_2 - a_2 b_1 = 0$$
これより, $\vec{a} = (x, -2)$, $\vec{b} = (1-x, 4)$ が平行であるから,
$$x \cdot 4 - (-2)(1-x) = 0$$
$$2x + 2 = 0 \qquad \therefore x = -1$$

答 (ア) − (イ) 1

【別解】 $\vec{b} = k\vec{a}$ より $\begin{pmatrix} 1-x \\ 4 \end{pmatrix} = k\begin{pmatrix} x \\ -2 \end{pmatrix}$ したがって, $\begin{cases} 1-x = kx & \cdots\cdots① \\ 4 = -2k & \cdots\cdots② \end{cases}$

②より, $k = -2$。①に代入して, $1 - x = -2x$ より, $x = -1$

(2) 内積公式より

$$\cos\angle\text{AOB} = \frac{\overrightarrow{\text{OA}}\cdot\overrightarrow{\text{OB}}}{|\overrightarrow{\text{OA}}||\overrightarrow{\text{OB}}|} = \frac{2}{4\cdot 3} = \frac{1}{6}$$

答 （ウ）1 （エ）6

(3) △OAB は右図のようになり，OC⊥AB となる点 C を，
辺 AB 上にとる。

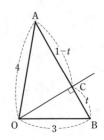

$\overrightarrow{\text{OC}}$ は AB 上にあるので

$\overrightarrow{\text{OC}} = t\overrightarrow{\text{OA}} + (1-t)\overrightarrow{\text{OB}}$　と表すことができる。

また，$\overrightarrow{\text{AB}} = \overrightarrow{\text{OB}} - \overrightarrow{\text{OA}}$　である。

OC⊥AB より，$\overrightarrow{\text{OC}}\cdot\overrightarrow{\text{AB}} = 0$　であるから

$$\overrightarrow{\text{OC}}\cdot\overrightarrow{\text{AB}} = \{t\overrightarrow{\text{OA}} + (1-t)\overrightarrow{\text{OB}}\}\cdot(\overrightarrow{\text{OB}} - \overrightarrow{\text{OA}})$$
$$= t\overrightarrow{\text{OA}}\cdot\overrightarrow{\text{OB}} + (1-t)|\overrightarrow{\text{OB}}|^2 - t|\overrightarrow{\text{OA}}|^2 - (1-t)\overrightarrow{\text{OB}}\cdot\overrightarrow{\text{OA}}$$

ここで，$\overrightarrow{\text{OA}}\cdot\overrightarrow{\text{OB}} = 2$，$|\overrightarrow{\text{OA}}| = 4$，$|\overrightarrow{\text{OB}}| = 3$ を代入して，

$$2t + 9(1-t) - 16t - 2(1-t) = 0$$
$$-21t + 7 = 0$$
$$t = \frac{1}{3}$$

よって，$\overrightarrow{\text{OC}} = \dfrac{1}{3}\overrightarrow{\text{OA}} + \dfrac{2}{3}\overrightarrow{\text{OB}}$　となる。

答 （オ）1 （カ）3 （キ）2

7 次の各問いに答えなさい。

(1) 等差数列 $\{a_n\}$ について
$$a_1 + a_3 = 0, \quad a_2 + a_4 = 6$$
であるとき，一般項 a_n は
$$a_n = \boxed{\ \text{ア}\ } n - \boxed{\ \text{イ}\ }$$
である。また，数列 $\{a_n\}$ の初項から第 n 項までの和を S_n とすると
$$S_{20} = \boxed{\ \text{ウ}\ \text{エ}\ \text{オ}\ }$$
である。

(2) 無限等比級数
$$\frac{1}{3} + \frac{1}{3^2} + \frac{1}{3^3} + \frac{1}{3^4} + \cdots\cdots$$
は収束し，その和は $\dfrac{\boxed{\ \text{カ}\ }}{\boxed{\ \text{キ}\ }}$
である。

【解　答】

(1) 求める等差数列の初項を a，公差を d とすると，

$a_1 + a_3 = a + (a + 2d) = 2a + 2d = 0$ 　　　よって，$a + d = 0$ ……①

$a_2 + a_4 = (a + d) + (a + 3d) = 2a + 4d = 6$ 　　よって，$a + 2d = 3$ ……②

②−①より $d = 3$。①に代入して，$a = -3$

よって一般項は，$a_n = -3 + (n-1) \cdot 3 = \mathbf{3n - 6}$ となる。

また，等差数列の第 n 項までの和は

$$S_n = \frac{1}{2} n\{2a + (n-1)d\} \text{ より}$$

$$S_n = \frac{1}{2} n\{-6 + (n-1) \cdot 3\} = \frac{1}{2} n(3n - 9)$$

ここで $n = 20$ を代入すると，$S_{20} = \dfrac{1}{2} \cdot 20 \cdot (3 \cdot 20 - 9) = \mathbf{510}$

答（ア）3 （イ）6 （ウ）5 （エ）1 （オ）0

(2) 無限等比級数 $\sum\limits_{n=1}^{\infty} ar^{n-1}$ の収束条件は，$a = 0$ または $|r| < 1$ である。

与式の一般項は，$\dfrac{1}{3}\left(\dfrac{1}{3}\right)^{n-1}$ であり，

$$\sum_{n=1}^{\infty} \frac{1}{3}\left(\frac{1}{3}\right)^{n-1} = \frac{\dfrac{1}{3}\left\{1 - \left(\dfrac{1}{3}\right)^n\right\}}{1 - \dfrac{1}{3}} = \frac{\dfrac{1}{3}}{1 - \dfrac{1}{3}} = \frac{1}{2}$$

答（カ）1 （キ）2

8 $\alpha = \dfrac{5 - \sqrt{3}i}{\sqrt{3} - 2i}$ とするとき，次の問いに答えなさい。

ただし，i は虚数単位とする。

(1)　$\alpha = \sqrt{\boxed{}} + i$

である。

(2)　α を極形式 $r(\cos\theta + i\sin\theta)$ の形で表すと

$$\alpha = \boxed{}\left(\cos\dfrac{\boxed{}}{\boxed{}}\pi + i\sin\dfrac{\boxed{}}{\boxed{}}\pi\right)$$

である。ただし，$r > 0$, $0 \leqq \theta < 2\pi$ とする。

(3)　複素数 z の 3 次方程式

$$z^3 = \alpha^3$$

について，3 次方程式の解を極形式

$$z = \boxed{}(\cos\theta + i\sin\theta) \quad (0 \leqq \theta < 2\pi)$$

で表すことにすると，θ の値は，小さい順に

$$\theta = \dfrac{\boxed{}}{\boxed{}}\pi, \quad \dfrac{\boxed{}}{\boxed{}}\pi, \quad \dfrac{\boxed{}}{\boxed{}}\pi$$

である。

解　答

(1)　分母・分子に $\sqrt{3} + 2i$ を掛ける。

$$\alpha = \dfrac{5 - \sqrt{3}\,i}{\sqrt{3} - 2i} = \dfrac{(5 - \sqrt{3}\,i)(\sqrt{3} + 2i)}{(\sqrt{3} - 2i)(\sqrt{3} + 2i)} = \dfrac{5\sqrt{3} - 3i + 10i + 2\sqrt{3}}{3 + 4}$$

$$= \dfrac{7\sqrt{3} + 7i}{7} = \sqrt{3} + i$$

答（ア）**3**

(2)　絶対値 r は，$r = \sqrt{(\sqrt{3})^2 + 1^2} = 2$

よって，$\alpha = 2\left(\dfrac{\sqrt{3}}{2} + \dfrac{1}{2}i\right)$ なので，偏角 θ は，$\cos\theta = \dfrac{\sqrt{3}}{2}$, $\sin\theta = \dfrac{1}{2}$

$0 \leqq \theta < 2\pi$ であるから，$\theta = \dfrac{\pi}{6}$

求める極形式は，$\alpha = 2\left(\cos\dfrac{1}{6}\pi + i\sin\dfrac{1}{6}\pi\right)$　となる。

答（イ）**2**　（ウ）**1**　（エ）**6**

(3) ド・モアブルの定理より, $z^3 = r^3(\cos\theta + i\sin\theta)^3$
$$= r^3(\cos 3\theta + i\sin 3\theta)$$

となる。

$z = r(\cos\theta + i\sin\theta)$ とおくと, $z^3 = \alpha^3$ より

$$r^3(\cos 3\theta + i\sin 3\theta) = 2^3\left(\cos\frac{1}{6}\pi + i\sin\frac{1}{6}\pi\right)^3$$
$$= 8\left(\cos\frac{1}{2}\pi + i\sin\frac{1}{2}\pi\right)$$

よって, $r^3 = 8$　　$3\theta = \dfrac{\pi}{2} + 2k\pi$ (k は整数)

$\therefore r = 2$　　$\theta = \dfrac{1}{6}\pi + \dfrac{2}{3}k\pi$

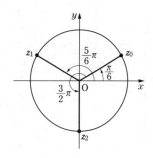

すなわち, $z = 2\left\{\cos\left(\dfrac{1}{6}\pi + \dfrac{2}{3}k\pi\right) + i\sin\left(\dfrac{1}{6}\pi + \dfrac{2}{3}k\pi\right)\right\}$

$0 \leqq \theta < 2\pi$ の範囲で考えると, $k = 0,\ 1,\ 2$ をそれぞれ代入し

$$\theta_1 = \frac{1}{6}\pi,\quad \theta_2 = \frac{1}{6}\pi + \frac{2}{3}\pi = \frac{5}{6}\pi,\quad \theta_3 = \frac{1}{6}\pi + \frac{4}{3}\pi = \frac{3}{2}\pi$$

答　（オ）5　（カ）6　（キ）3　（ク）2

数学　9月実施　理系　　正解と配点

問題番号		設問	正解	配点
1	(1)	ア	4	4
		イ	3	
	(2)	ウ	3	4
		エ	3	
	(3)	オ	5	4
		カ	2	
	(4)	キ	3	4
		ク	2	
		ケ	0	
	(5)	コ	4	4
	(6)	サ	0	4
		シ	2	
	(7)	ス	4	4
		セ	5	
		ソ	3	
		タ	2	
2	(1)	ア	③	3
	(2)	イ	1	3
		ウ	9	
	(3)	エ	6	4
3	(1)	ア	1	3
		イ	2	
		ウ	0	
	(2)	エ	2	3
		オ	5	
	(3)	カ	1	4
		キ	4	
4	(1)	ア	1	2
		イ	0	
		ウ	6	2
	(2)	エ	1	3
		オ	2	
	(3)	カ	6	4
		キ	4	
		ク	3	

問題番号		設問	正解	配点
5	(1)	ア	3	3
		イ	4	
	(2)	ウ	5	3
		エ	4	
	(3)	オ	5	4
		カ	1	
		キ	3	
6	(1)	ア	－	3
		イ	1	
	(2)	ウ	1	3
		エ	6	
	(3)	オ	1	4
		カ	3	
		キ	2	
7	(1)	ア	3	3
		イ	6	
		ウ	5	3
		エ	1	
		オ	0	
	(2)	カ	1	4
		キ	2	
8	(1)	ア	3	3
	(2)	イ	2	4
		ウ	1	
		エ	6	
	(3)	オ	5	4
		カ	6	
		キ	3	
		ク	2	

平成30年度

基礎学力到達度テスト
問題と詳解

1

次の各問いに答えなさい。

(1) 整式 $x^3 + 2x^2 - 9x + 22$ を $x + 5$ で割ったときの

商は $x^2 - \boxed{\text{ア}}\, x + \boxed{\text{イ}}$

余りは $\boxed{\text{ウ}\,\text{エ}}$

である。

(2) i を虚数単位とするとき

$$\frac{1}{2 - \sqrt{3}\,i} + \frac{1}{2 + \sqrt{3}\,i} = \frac{\boxed{\text{オ}}}{\boxed{\text{カ}}}$$

である。

(3) $\sin 2\alpha = \boxed{\text{キ}}\, \sin\alpha \cos\alpha$

$\cos 2\alpha = \boxed{\text{ク}}\, \cos^2\alpha - \boxed{\text{ケ}}$

である。

(4) 空間のベクトル $\vec{a} = (-4,\ 2,\ -1),\ \vec{b} = (2,\ 0,\ -1)$ について

$\vec{a} \cdot \vec{b} = \boxed{\text{コ}\,\text{サ}}$

である。

2 2つの円 $C_1 : x^2 + y^2 = 9$

$C_2 : x^2 + y^2 + 4x - 8y + 16 = 0$

と 　　　　直線 $l : y = x + k$

について，次の問いに答えなさい。

(1) 円 C_2 の中心の座標は（ $\boxed{ア\ イ}$ ，$\boxed{ウ}$ ）

半径は $\boxed{エ}$

である。

(2) 円 C_1 と円 C_2 の位置関係について，$\boxed{オ}$ 。

$\boxed{オ}$ に適するものを下の選択肢から選び，番号で答えなさい。

┌──〈選択肢〉────────────────────┐
│ ① 互いに外部にある │
│ ② 外接する │
│ ③ 2点で交わる │
│ ④ 内接する │
│ ⑤ 内接することなく，一方が他方の内部にある │
└────────────────────────────┘

(3) 円 C_1 と直線 l が共有点をもつとき，定数 k のとり得る値の範囲は

$\boxed{カ\ キ}\sqrt{\boxed{ク}} \leqq k \leqq \boxed{ケ}\sqrt{\boxed{コ}}$

である。

3 次の各問いに答えなさい。

(1) 等差数列 $\{a_n\}$ において，$a_4 = 12$，$a_{11} = -2$ であるとき，$\{a_n\}$ の一般項は

$a_n = \boxed{ア\ イ}\,n + \boxed{ウ\ エ}$

である。

(2) 等比数列 $\{b_n\}$ において，$b_3 = \dfrac{3}{4}$，$b_6 = \dfrac{3}{32}$ であるとき，$\{b_n\}$ の一般項は

$b_n = \boxed{オ} \cdot \left(\dfrac{\boxed{カ}}{\boxed{キ}}\right)^{n-1}$

である。ただし，$\{b_n\}$ の公比は実数とする。

(3) 数列 $\{c_n\}$ の初項から第 n 項までの和 S_n が，$S_n = 2n^2 - n$ で与えられるとき，この数列 $\{c_n\}$ の一般項は

$c_n = \boxed{ク}\,n - \boxed{ケ}$

である。

$\boxed{4}$ 次の各問いに答えなさい。

(1) 方程式 $8^x = 128$ の解は

$$x = \frac{\boxed{ア}}{\boxed{イ}}$$

である。

(2) $\log_{10}2 = a$, $\log_{10}3 = b$ とするとき

$$\log_{10}135 = \boxed{ウ}\,a + \boxed{エ}\,b + \boxed{オ}$$

である。

(3) 不等式 $9^x - 2 \cdot 3^{x+1} - 27 < 0$ の解は

$$\boxed{カ}$$

である。

$\boxed{カ}$ に適するものを下の選択肢から選び，番号で答えなさい。

┌─〈選択肢〉─────────────────────────┐
│ ① $x < -1$ ② $x < 2$ ③ $x < 3$ │
│ ④ $x > -1$ ⑤ $x > 2$ ⑥ $x > 3$ │
│ ⑦ $-1 < x < 2$ ⑧ $0 < x < 2$ ⑨ $0 < x < 3$ │
└────────────────────────────────┘

$\boxed{5}$ 次の各問いに答えなさい。

(1) 関数 $f(x) = 2x^3 - 3x^2 - 12x + 11$ について

極小値は $\boxed{ア}\boxed{イ}$

である。

また，$-2 \leqq x \leqq 4$ における $f(x)$ の最大値は

$$\boxed{ウ}\boxed{エ}$$

である。

(2) $\displaystyle \int_{-3}^{3}(x^2 - 6x - 2)\,dx - 2\int_{-3}^{3}(x^2 + 5x - 1)\,dx = \boxed{オ}\boxed{カ}\boxed{キ}$

である。

6 関数 $y = \sin\left(\theta + \dfrac{\pi}{3}\right)$ について，次の問いに答えなさい。

(1) $\theta = \dfrac{5}{12}\pi$ のとき，$y = \dfrac{\sqrt{\boxed{ア}}}{\boxed{イ}}$ である。

(2) $\sin\theta + \sqrt{3}\cos\theta = \boxed{ウ}\,\sin\left(\theta + \dfrac{\pi}{3}\right)$

であるから，$0 \le \theta \le \pi$ における

$\sin\theta + \sqrt{3}\cos\theta$ の最大値は $\boxed{エ}$

最小値は $\boxed{オ}\sqrt{\boxed{カ}}$

である。

(3) $0 \le \theta \le \pi$ のとき，$y = -\dfrac{1}{2}$ を満たす θ は

$\theta = \dfrac{\boxed{キ}}{\boxed{ク}}\pi$

である。

7 次の各問いに答えなさい。

(1) 3つのベクトル $\vec{a} = (1,\ 2)$，$\vec{b} = (-2,\ 3)$，$\vec{c} = (-11,\ 6)$

について

(i) $\vec{c} = m\vec{a} + n\vec{b}$ となるのは

$m = \boxed{ア}\boxed{イ}$，$n = \boxed{ウ}$

のときである。

(ii) $(\vec{a} + t\vec{b}) /\!/ \vec{c}$ となるのは

$t = \dfrac{\boxed{エ}\boxed{オ}}{\boxed{カ}}$

のときである。

(2) 右の図のように，1辺の長さが2の正六角形 ABCDEF の
対角線 AD，BE，CF の交点を O とするとき

$\overrightarrow{OA} \cdot \overrightarrow{OB} = \boxed{キ}$

である。

さらに，正六角形 ABCDEF の内部の点 P が

$\overrightarrow{PB} + 2\overrightarrow{PD} + 3\overrightarrow{PF} = \vec{0}$

を満たすとき

$\overrightarrow{OP} = \dfrac{1}{\boxed{ク}}\overrightarrow{OA} - \dfrac{1}{\boxed{ケ}}\overrightarrow{OB}$

であり

$|\overrightarrow{OP}| = \dfrac{\sqrt{\boxed{コ}}}{\boxed{サ}}$

である。

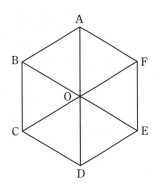

平成30年度　9月実施　文系

1 次の各問いに答えなさい。

(1) $x = 1 + \dfrac{1}{\sqrt{6}}$, $y = 1 - \dfrac{1}{\sqrt{6}}$ のとき

$$xy = \dfrac{\boxed{ア}}{\boxed{イ}}, \quad x^2 + y^2 = \dfrac{\boxed{ウ}}{\boxed{エ}}$$

である。

(2) a を自然数として，6個のデータ 3, 6, 4, 1, 5, a の箱ひげ図が以下のようであるとき，$a = \boxed{オ}$ である。

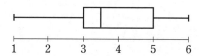

(3) 133 と 323 の最大公約数は $\boxed{カ}\,\boxed{キ}$ である。

(4) 整式 $x^3 - 4x^2 + 7x - 2$ を整式 $x - 2$ で割ると

商は　$x^2 - \boxed{ク}\,x + \boxed{ケ}$

余りは　$\boxed{コ}$

である。

(5) △ABC において，BC = 5, CA = 6, ∠A = 150° であるとき

$$\sin\angle B = \dfrac{\boxed{サ}}{\boxed{シ}}$$

である。

(6) $\vec{a} = (-2, -3)$, $\vec{b} = (5, -1)$ のとき

$$\vec{a}\cdot\vec{b} = \boxed{ス}\,\boxed{セ}, \quad |\vec{a}| = \sqrt{\boxed{ソ}\,\boxed{タ}}$$

である。

2 放物線 $y = x^2 + 2x - 5$ ……① について，次の問いに答えなさい。

(1) 放物線①の頂点は，点 $\boxed{\text{ア}}$ である。$\boxed{\text{ア}}$ に最も適するものを下の選択肢から選び，番号で答えなさい。

〈選択肢〉
① $(2, -5)$　　② $(2, -6)$　　③ $(1, -6)$　　④ $(1, -5)$
⑤ $(-2, -5)$　⑥ $(-2, -6)$　⑦ $(-1, -6)$　⑧ $(-1, -5)$

(2) 放物線①が x 軸と 2 点で交わる点を A，B とする。このとき，A，B 間の距離は $\boxed{\text{イ}}\sqrt{\boxed{\text{ウ}}}$ である。

(3) 放物線①を x 軸方向に 3，y 軸方向に $\boxed{\text{エ}}$ だけ平行移動すると，原点と点 $(4, \boxed{\text{オ}})$ を通る放物線になる。

3 赤球が 3 個，白球が 2 個，青球が 1 個入った袋の中から無作為に 3 個の球を同時に取り出すとき，次の問いに答えなさい。ただし，すべての球は区別がつくものとする。

(1) 3 個の球の取り出し方は全部で
$$\boxed{\text{ア}\,\text{イ}} \text{ 通り}$$
である。

(2) 取り出した球の色がすべて異なる確率は
$$\frac{\boxed{\text{ウ}}}{\boxed{\text{エ}\,\text{オ}}}$$
である。

(3) 取り出した球の色がちょうど 2 色である確率は
$$\frac{\boxed{\text{カ}\,\text{キ}}}{\boxed{\text{ア}\,\text{イ}}}$$
である。

円①：点 A$(-2, 3)$ を中心とし，半径 $\sqrt{5}$

直線②：$2x - y - 2 = 0$

について，次の問いに答えなさい。

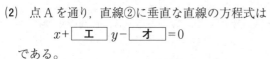

(1) 円①の方程式は

$$x^2 + y^2 + \boxed{\text{ア}}\,x - \boxed{\text{イ}}\,y + \boxed{\text{ウ}} = 0$$

である。

(2) 点 A を通り，直線②に垂直な直線の方程式は

$$x + \boxed{\text{エ}}\,y - \boxed{\text{オ}} = 0$$

である。

(3) 直線②に平行で，円①に接する直線を 2 本引く。

その 2 つの接点のうち，直線②との距離が大きい方の点の座標は

$$(\boxed{\text{カ}\,\text{キ}}, \boxed{\text{ク}})$$

である。

次の各問いに答えなさい。

(1) $\sin\theta + \cos\theta = -\dfrac{1}{2}$ のとき

$$\sin\theta\cos\theta = \dfrac{\boxed{\text{ア}\,\text{イ}}}{\boxed{\text{ウ}}}$$

である。

(2) $0 \leqq \theta < 2\pi$ のとき，不等式 $\sqrt{2}\cos\theta - 1 < 0$ を満たす θ の値の範囲は

$$\dfrac{\boxed{\text{エ}}}{\boxed{\text{オ}}}\pi < \theta < \dfrac{\boxed{\text{カ}}}{\boxed{\text{キ}}}\pi$$

である。

(3) $\dfrac{\pi}{8} \leqq \theta \leqq \dfrac{5}{12}\pi$ のとき，$y = 2\sin 2\theta$ の最小値は $\boxed{\text{ク}}$ である。$\boxed{\text{ク}}$ に最も適するものを下の選択肢から選び，番号で答えなさい。

〈選択肢〉

① -2	② $-\sqrt{3}$	③ $-\sqrt{2}$	④ -1
⑤ 0	⑥ 1	⑦ $\sqrt{2}$	⑧ $\sqrt{3}$

6

次の各問いに答えなさい。

(1) $2^{1-x}=\dfrac{1}{64}$ のとき，$x=$ $\boxed{\ \text{ア}\ }$ である。

(2) $\log_3 18-\log_3 \dfrac{2}{9}=$ $\boxed{\ \text{イ}\ }$ である。

(3) 不等式 $\log_5 (14-2x)>1+\log_5 x$ の解は

$\boxed{\ \text{ウ}\ }<x<\boxed{\ \text{エ}\ }$

である。

7

次の各問いに答えなさい。

(1) 関数 $y=-x^3+6x^2-9x+2$ ……① は

$x=\boxed{\ \text{ア}\ }$ のとき，極小値 $\boxed{\text{イ}|\text{ウ}}$

をとる。

(2) (1)の関数①のグラフの接線の傾きが最大になるとき，その接線の方程式は

$y=\boxed{\ \text{エ}\ }x-\boxed{\ \text{オ}\ }$

である。

(3) 放物線 $y=-x^2+3x$ と x軸，直線 $x=-1$，および
直線 $x=2$ で囲まれた右の2つの斜線部分の面積の和は

$\dfrac{\boxed{\text{カ}|\text{キ}}}{\boxed{\ \text{ク}\ }}$

である。

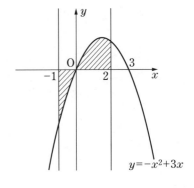

$y=-x^2+3x$

8 次の各問いに答えなさい。

(1) 第8項が4，第19項が26 である等差数列 $\{a_n\}$ について，一般項 a_n は

$$a_n = \boxed{\text{ア}}\, n - \boxed{\text{イ}\,\text{ウ}}$$

であり，

$$\sum_{k=1}^{n} a_k = n\left(n - \boxed{\text{エ}\,\text{オ}}\right)$$

である。

(2) 数列 $\{b_n\}$ が

$$b_1 = -4, \quad b_{n+1} = -2b_n - 6 \quad (n = 1, 2, 3, \cdots\cdots)$$

で定められるとき，一般項 b_n は

$$b_n = \left(\boxed{\text{カ}\,\text{キ}}\right)^n - \boxed{\text{ク}}$$

である。

1 次の各問いに答えなさい。ただし，(6)，(7)の i は虚数単位とする。

(1) 2次関数 $y=x^2-4x-8$ のグラフを x 軸方向に2，y 軸方向に -7 だけ平行移動したグラフを表す式は

$$y=x^2-\boxed{\text{ア}}\,x-\boxed{\text{イ}}$$

である。

(2) 2次方程式 $x^2+9x-3=0$ の2つの解を α，β とするとき

$$(\alpha-1)(\beta-1)=\boxed{\text{ウ}}$$

である。

(3) 3辺の長さが5，6，7である三角形の最大の内角の大きさを θ とするとき

$$\cos\theta=\frac{\boxed{\text{エ}}}{\boxed{\text{オ}}}$$

である。

(4) 点$(3，4)$ を中心とし，直線 $2x+y-5=0$ に接する円の方程式は

$$x^2+y^2-\boxed{\text{カ}}\,x-\boxed{\text{キ}}\,y+\boxed{\text{ク}\,\text{ケ}}=0$$

である。

(5) $\displaystyle\lim_{x\to\infty}(\sqrt{x^2+5x+1}-x)=\dfrac{\boxed{\text{コ}}}{\boxed{\text{サ}}}$ である。

(6) $\dfrac{5+5i}{a+bi}=3-i$ のとき，実数 a，b の値は，$a=\boxed{\text{シ}}$，$b=\boxed{\text{ス}}$ である。

(7) $\left\{\sqrt{2}\left(\cos\dfrac{\pi}{8}+i\sin\dfrac{\pi}{8}\right)\right\}^4=\boxed{\text{セ}}\,i$ である。

(8) 双曲線 $\dfrac{x^2}{3}-\dfrac{y^2}{4}=1$ の2つの焦点の座標は $\boxed{\text{ソ}}$ である。$\boxed{\text{ソ}}$ に最も適するものを下の選択肢から選び，番号で答えなさい。

――〈選択肢〉――

① $(1，0)，(-1，0)$　　　② $(\sqrt{3}，0)，(-\sqrt{3}，0)$

③ $(2，0)，(-2，0)$　　　④ $(\sqrt{7}，0)，(-\sqrt{7}，0)$

⑤ $(0，1)，(0，-1)$　　　⑥ $(0，\sqrt{3})，(0，-\sqrt{3})$

⑦ $(0，2)，(0，-2)$　　　⑧ $(0，\sqrt{7})，(0，-\sqrt{7})$

2 次の各問いに答えなさい。

(1) $11010_{(2)} - 1101_{(2)}$ の答えを10進法で表すと $\boxed{ア}\boxed{イ}$ である。ただし，$11010_{(2)}$，$1101_{(2)}$ は 2 進法で表された数である。

(2) A 高校の陸上部20人と B 高校の陸上部30人について，50 m 走のタイムを調査し，そのデータを右のような箱ひげ図に表した。次の①～④のうち，これらの箱ひげ図から読みとれることとして正しいものは $\boxed{ウ}$ である。$\boxed{ウ}$ に最も適するものを下の選択肢から選び，番号で答えなさい。

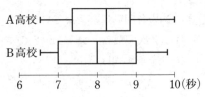

〈選択肢〉
 ①　A 高校の陸上部のタイムの中央値は，B 高校の陸上部のタイムの中央値より小さい。
 ②　A 高校の陸上部のタイムの四分位偏差は，B 高校の陸上部のタイムの四分位偏差より大きい。
 ③　B 高校の陸上部で50 m 走のタイムが 8 秒以下の生徒の数は，A 高校の陸上部で50 m 走のタイムが 8 秒以下の生徒の数より多い。
 ④　A 高校の陸上部で50 m 走のタイムが 7 秒以下の生徒の数は 5 人より多い。

(3) 1 次不定方程式
$$12x - 7y = 1$$
の整数解のうち，$x + y$ が80に最も近い値となるのは，$x + y = \boxed{エ}\boxed{オ}$ のときである。

3 A は，数字 3，5，7，9 が 1 つずつ書かれた 4 枚のカードから無作為に 1 枚のカードを引き，その数を A の得点とする。B は，数字 0，2，4，6，8 が 1 つずつ書かれた 5 枚のカードから無作為に異なる 2 枚を引き，その 2 数の和を B の得点とする。A，B が同時にカードを引き，得点の大きい方を勝ちとするとき，次の問いに答えなさい。

(1) A，B 2 人のカードの引き方について，起こりうる場合は全部で $\boxed{ア}\boxed{イ}$ 通りある。

(2) B が勝つ確率は $\dfrac{\boxed{ウ}\boxed{エ}}{\boxed{ア}\boxed{イ}}$ である。

(3) A が勝ったときに，A が 9 のカードを引いている条件付き確率は
$$\dfrac{\boxed{オ}}{\boxed{カ}\boxed{キ}}$$
である。

4 次の各問いに答えなさい。

(1) 3次関数 $y = \dfrac{1}{3}x^3 - x^2 - 3x$ について

極大値は $\dfrac{\boxed{\text{ア}}}{\boxed{\text{イ}}}$, 極小値は $\boxed{\text{ウ}}\boxed{\text{エ}}$

である。

(2) 右の図のように関数

$$y = -x^2 + 10 \quad (0 \leqq x \leqq \sqrt{10}) \quad \cdots\cdots ①$$

のグラフ上に点 P があり, P から x 軸, y 軸にそれぞ
れ垂線 PA, PB を下ろす。P の x 座標を a とし, ①
のグラフと y 軸および線分 BP で囲まれた斜線部分の
面積を $S(a)$ とするとき

$$S(2) = \dfrac{\boxed{\text{オ}}\boxed{\text{カ}}}{\boxed{\text{キ}}}$$

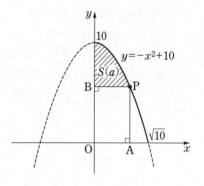

である。また, $S(a)$ が四角形 OAPB の面積と等しい
とき, $a = \sqrt{\boxed{\text{ク}}}$ である。ただし, O は原点とし, $0 < a < \sqrt{10}$ であるものとする。

5 次の各問いに答えなさい。

(1) $\sqrt[9]{27} \times \dfrac{1}{\sqrt[3]{81}} = \dfrac{\boxed{\text{ア}}}{\boxed{\text{イ}}}$ である。

(2) 4^{25} は $\boxed{\text{ウ}}\boxed{\text{エ}}$ 桁の整数である。ただし, $\log_{10}2 = 0.3010$ とする。

(3) $1 \leqq x \leqq 7$ のとき, 関数

$$y = (\log_2 x)^2 - \log_2 x^4$$

の最小値は $\boxed{\text{オ}}\boxed{\text{カ}}$, 最大値は $\boxed{\text{キ}}$ である。

$\boxed{6}$ 次の各問いに答えなさい。

(1) $0 \leqq x \leqq \dfrac{\pi}{2}$ で，$\sin x = \dfrac{1}{3}$ のとき

$$\cos\left(x + \dfrac{\pi}{4}\right) = \dfrac{\boxed{\text{ア}} - \sqrt{\boxed{\text{イ}}}}{6}$$

である。

(2) $0 \leqq x \leqq \pi$ のとき，関数

$$y = \sin x + \cos x$$

の最大値は $\sqrt{\boxed{\text{ウ}}}$，最小値は $\boxed{\text{エ}\,\text{オ}}$ である。

(3) $0 \leqq x < 2\pi$ のとき，不等式 $\sin 2x - \sin x > 0$ を満たす x の値の範囲は

$$0 < x < \boxed{\text{カ}}, \quad \boxed{\text{キ}} < x < \boxed{\text{ク}}$$

である。$\boxed{\text{カ}}$，$\boxed{\text{キ}}$，$\boxed{\text{ク}}$ に最も適するものを下の選択肢から選び，番号で答えなさい。

〈選択肢〉

① $\dfrac{\pi}{6}$　② $\dfrac{\pi}{3}$　③ $\dfrac{\pi}{2}$　④ $\dfrac{2}{3}\pi$

⑤ π　⑥ $\dfrac{4}{3}\pi$　⑦ $\dfrac{5}{3}\pi$　⑧ $\dfrac{11}{6}\pi$　⑨ 2π

7 次の各問いに答えなさい。

(1) $\vec{a} = (2, 3)$, $\vec{b} = (-1, 7)$ のとき

$$|\vec{a} - \vec{b}| = \boxed{}$$

である。

(2) $|\vec{p}| = \sqrt{3}$, $|\vec{q}| = 3$, $(\vec{p} + 2\vec{q}) \perp (2\vec{p} - \vec{q})$

を満たす $\vec{p}$, $\vec{q}$ について,

$$\vec{p} \cdot \vec{q} = \boxed{}$$

である。

(3) △ABC の外部の点 P が

$$\overrightarrow{PA} - 2\overrightarrow{PB} - 4\overrightarrow{PC} = \vec{0}$$

を満たすとする。△ABC の面積を S_1, △PBC の面積を S_2 とするとき,

$$\overrightarrow{AP} = \frac{\boxed{ウ}}{\boxed{エ}} \overrightarrow{AB} + \frac{\boxed{オ}}{\boxed{カ}} \overrightarrow{AC}$$

であり,

$$\frac{S_2}{S_1} = \frac{\boxed{キ}}{\boxed{ク}}$$

である。

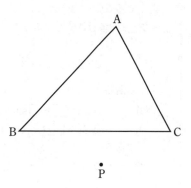

8 次の各問いに答えなさい。

(1) 第5項が9, 第50項が-21 である等差数列 $\{a_n\}$ について

$$第16項は \frac{\boxed{ア}}{\boxed{イ}}$$

であり, 初項から第 n 項までの和が最大となるのは

$$n = \boxed{ウ}\boxed{エ}$$

のときである。

(2) $b_1 = 1$, $b_{n+1} = b_n + (-2)^n$ ($n = 1, 2, 3, \cdots\cdots$)

によって定められる数列 $\{b_n\}$ について

$$b_n = \frac{\boxed{オ} - (-2)^n}{\boxed{カ}}$$

である。

(3) $\displaystyle \lim_{n \to \infty} \sum_{k=1}^{n} \left(\frac{1}{2^k} + \frac{1}{3^k} \right) = \frac{\boxed{キ}}{\boxed{ク}}$

である。

---

1 次の各問いに答えなさい。

(1) 整式 $x^3+2x^2-9x+22$ を $x+5$ で割ったときの

商は $x^2-\boxed{\text{ア}}\,x+\boxed{\text{イ}}$

余りは $\boxed{\text{ウ}\,\text{エ}}$

である。

(2) i を虚数単位とするとき

$$\frac{1}{2-\sqrt{3}\,i}+\frac{1}{2+\sqrt{3}\,i}=\frac{\boxed{\text{オ}}}{\boxed{\text{カ}}}$$

である。

(3) $\sin2\alpha=\boxed{\text{キ}}\,\sin\alpha\cos\alpha$

$\cos2\alpha=\boxed{\text{ク}}\,\cos^2\alpha-\boxed{\text{ケ}}$

である。

(4) 空間のベクトル $\vec{a}=(-4,\ 2,\ -1),\ \vec{b}=(2,\ 0,\ -1)$ について

$\vec{a}\cdot\vec{b}=\boxed{\text{コ}\,\text{サ}}$

である。

解 答

(1)
$$
\begin{array}{r}
x^2-3x+\ 6 \\
x+5\ \overline{)\ x^3+2x^2-\ 9x+22} \\
\underline{x^3+5x^2\qquad\qquad} \\
-3x^2-\ 9x \\
\underline{-3x^2-15x\qquad} \\
6x+22 \\
\underline{6x+30} \\
-8
\end{array}
$$

左の計算により，

商 x^2-3x+6，余り -8

答（ア）3　（イ）6　（ウ）−　（エ）8

【別解】　組立除法を用いると，

$$
\begin{array}{rrrr|l}
1 & 2 & -9 & 22 & \underline{\,-5} \\
 & -5 & 15 & -30 & \\
\hline
1 & -3 & 6 & -8 &
\end{array}
$$

よって，商 x^2-3x+6，余り -8

(2) $\dfrac{1}{2-\sqrt{3}\,i}+\dfrac{1}{2+\sqrt{3}\,i}=\dfrac{2+\sqrt{3}\,i+2-\sqrt{3}\,i}{(2-\sqrt{3}\,i)(2+\sqrt{3}\,i)}=\dfrac{4}{4-3i^2}$

$\qquad\qquad=\dfrac{4}{4-3\times(-1)}=\dfrac{4}{4+3}=\dfrac{4}{7}$

答（オ）4　（カ）7

(3) 加法定理を用いて求めると次のようになる。

$\sin(\alpha+\beta)=\sin\alpha\cos\beta+\cos\alpha\sin\beta$　なので，

$\qquad \sin2\alpha=\sin(\alpha+\alpha)=\sin\alpha\cos\alpha+\cos\alpha\sin\alpha=\boldsymbol{2\sin\alpha\cos\alpha}$

また，$\cos(\alpha+\beta)=\cos\alpha\cos\beta-\sin\alpha\sin\beta$　なので，

$\qquad \cos2\alpha=\cos(\alpha+\alpha)=\cos\alpha\cos\alpha-\sin\alpha\sin\alpha=\cos^2\alpha-\sin^2\alpha$

$\qquad\qquad =\cos^2\alpha-(1-\cos^2\alpha)=\boldsymbol{2\cos^2\alpha-1}$

どちらも2倍角の公式である。

答 **(キ) 2　(ク) 2　(ケ) 1**

(4) 空間ベクトルの内積は，成分表示で　$\vec{a}=(a_1,\ a_2,\ a_3),\ \vec{b}=(b_1,\ b_2,\ b_3)$ のとき

$\qquad \vec{a}\cdot\vec{b}=a_1b_1+a_2b_2+a_3b_3$

よって求める内積は，$\vec{a}=(-4,\ 2,\ -1),\ \vec{b}=(2,\ 0,\ -1)$　であるから

$\qquad \vec{a}\cdot\vec{b}=(-4)\times2+2\times0+(-1)\times(-1)=-8+1=\boldsymbol{-7}$

答 **(コ) －　(サ) 7**

2　2つの円　$C_1:x^2+y^2=9$

$\qquad\qquad C_2:x^2+y^2+4x-8y+16=0$

と　　　　直線 $l:y=x+k$

について，次の問いに答えなさい。

(1) 円 C_2 の中心の座標は（ $\boxed{\text{ア}\ \text{イ}}$, $\boxed{\ \text{ウ}\ }$ ）

　　　　　半径は　$\boxed{\ \text{エ}\ }$

である。

(2) 円 C_1 と円 C_2 の位置関係について，$\boxed{\ \text{オ}\ }$ 。

　　$\boxed{\ \text{オ}\ }$ に適するものを下の選択肢から選び，番号で答えなさい。

> 〈選択肢〉
> ① 互いに外部にある
> ② 外接する
> ③ 2点で交わる
> ④ 内接する
> ⑤ 内接することなく，一方が他方の内部にある

(3) 円 C_1 と直線 l が共有点をもつとき，定数 k のとり得る値の範囲は

　　$\boxed{\text{カ}\ \text{キ}}\sqrt{\boxed{\ \text{ク}\ }}\leqq k\leqq\boxed{\ \text{ケ}\ }\sqrt{\boxed{\ \text{コ}\ }}$

である。

(1) 円 C_2 の式を変形して

$$(x^2+4x+2^2)+(y^2-8y+4^2)=-16+2^2+4^2$$

$$(x+2)^2+(y-4)^2=2^2$$

よって，円 C_2 の中心の座標は $(-2, 4)$，半径は **2** である。

答 （ア）− （イ）2 （ウ）4 （エ）2

(2) 2つの円の位置関係は右図のようになる。

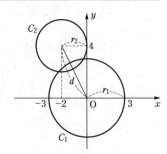

円 C_1 の半径 $r_1=3$，円 C_2 の半径 $r_2=2$

円 C_1 と円 C_2 の中心間の距離 d は，円 C_1 の中心は $(0, 0)$，

円 C_2 の中心は $(-2, 4)$ なので，

$$d^2=\{0-(-2)\}^2+(0-4)^2=4+16=20$$

$$d=\sqrt{20}=2\sqrt{5}$$

また，$r_1+r_2=5$ なので，

$|r_1-r_2|<d<r_1+r_2$　より，2点で交わるので選択肢の③である。

答 （オ）③

(3) 円 C_1 の半径は 3 である。

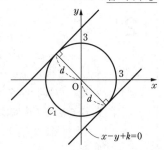

円の中心 $(0, 0)$ と直線 $x-y+k=0$ との距離を d とすると，

共有点を持つ条件は

$$d=\frac{|1\cdot0+(-1)\cdot0+k|}{\sqrt{1^2+(-1)^2}}\leqq3\quad より，\quad \frac{|k|}{\sqrt{2}}\leqq3$$

両辺に $\sqrt{2}$ を掛けて，$|k|\leqq3\sqrt{2}$ となるから，定数 k の

とり得る値の範囲は　　$-3\sqrt{2}\leqq k\leqq3\sqrt{2}$

答 （カ）− （キ）3 （ク）2 （ケ）3 （コ）2

【別解】 $y=x+k$ を円 C_1 の方程式 $x^2+y^2=9$ に代入して

$$x^2+(x+k)^2=9$$

整理すると，$2x^2+2kx+k^2-9=0$

判別式を D とすると　　$\dfrac{D}{4}=k^2-2(k^2-9)=-k^2+18$

円 C_1 と直線が共有点をもつとき $D\geqq0$ であるから

$$-k^2+18\geqq0$$

$$k^2-18\leqq0$$

$$(k+3\sqrt{2})(k-3\sqrt{2})\leqq0$$

よって，$-3\sqrt{2}\leqq k\leqq3\sqrt{2}$　となる。

3 次の各問いに答えなさい。

(1) 等差数列 $\{a_n\}$ において，$a_4 = 12$，$a_{11} = -2$ であるとき，$\{a_n\}$ の一般項は
$$a_n = \boxed{\text{ア}\ \text{イ}}\, n + \boxed{\text{ウ}\ \text{エ}}$$
である。

(2) 等比数列 $\{b_n\}$ において，$b_3 = \dfrac{3}{4}$，$b_6 = \dfrac{3}{32}$ であるとき，$\{b_n\}$ の一般項は
$$b_n = \boxed{\ \text{オ}\ }\cdot\left(\dfrac{\boxed{\ \text{カ}\ }}{\boxed{\ \text{キ}\ }}\right)^{n-1}$$
である。ただし，$\{b_n\}$ の公比は実数とする。

(3) 数列 $\{c_n\}$ の初項から第 n 項までの和 S_n が，$S_n = 2n^2 - n$ で与えられるとき，この数列 $\{c_n\}$ の一般項は
$$c_n = \boxed{\ \text{ク}\ }\, n - \boxed{\ \text{ケ}\ }$$
である。

解 答

(1) 初項を a，公差を d とすると，等差数列の一般項は $a_n = a + (n-1)d$ と表すことができる。

$a_4 = 12$，$a_{11} = -2$ であるから
$$\begin{cases} a + 3d = 12 & \cdots\cdots① \\ a + 10d = -2 & \cdots\cdots② \end{cases}$$
②$-$①より，　$7d = -14$　　$d = -2$

よって①に代入して，$a = 18$

したがって，一般項は　$a_n = 18 + (n-1)\cdot(-2)$
$$= -2n + 20$$

　　　　　　　　　　　　　　　　　答 （ア）$-$　（イ）2　（ウ）2　（エ）0

(2) 初項を b，公比を r とすると，等比数列の一般項は $b_n = br^{n-1}$ と表すことができる。

$b_3 = \dfrac{3}{4}$，$b_6 = \dfrac{3}{32}$ であるから
$$\begin{cases} br^2 = \dfrac{3}{4} & \cdots\cdots① \\ br^5 = \dfrac{3}{32} & \cdots\cdots② \end{cases}$$

②から　$br^2 \cdot r^3 = \dfrac{3}{32}$　　これに①を代入して

$$\dfrac{3}{4}r^3 = \dfrac{3}{32}$$

$$r^3 = \dfrac{4}{32} = \dfrac{1}{8} = \left(\dfrac{1}{2}\right)^3$$

r は実数であるから $r = \dfrac{1}{2}$　　よって，①に代入して　$b\cdot\left(\dfrac{1}{2}\right)^2 = \dfrac{3}{4}$　　$b = 3$

したがって，一般項は　$b_n = 3\cdot\left(\dfrac{1}{2}\right)^{n-1}$

　　　　　　　　　　　　　　　　　　答 （オ）3　（カ）1　（キ）2

(3) $n \geqq 2$ のとき

$$c_n = S_n - S_{n-1} = (2n^2 - n) - \{2(n-1)^2 - (n-1)\}$$
$$= 4n - 3 \quad \cdots\cdots\text{①}$$

また, $c_1 = S_1 = 2 \cdot 1^2 - 1 = 1$

ここで①において $n = 1$ とすると, $c_1 = 4 \cdot 1 - 3 = 1$

よって, $n = 1$ のときも①は成り立つ。

したがって, $c_n = 4n - 3$

答 (ク) 4 (ケ) 3

---

4 次の各問いに答えなさい。

(1) 方程式 $8^x = 128$ の解は

$$x = \frac{\boxed{\text{ア}}}{\boxed{\text{イ}}}$$

である。

(2) $\log_{10} 2 = a$, $\log_{10} 3 = b$ とするとき

$$\log_{10} 135 = \boxed{\text{ウ}}\, a + \boxed{\text{エ}}\, b + \boxed{\text{オ}}$$

である。

(3) 不等式 $9^x - 2 \cdot 3^{x+1} - 27 < 0$ の解は

$$\boxed{\text{カ}}$$

である。

$\boxed{\text{カ}}$ に適するものを下の選択肢から選び, 番号で答えなさい。

〈選択肢〉

① $x < -1$	② $x < 2$	③ $x < 3$
④ $x > -1$	⑤ $x > 2$	⑥ $x > 3$
⑦ $-1 < x < 2$	⑧ $0 < x < 2$	⑨ $0 < x < 3$

解 答

(1) $8^x = 128$ から $(2^3)^x = 2^7$

よって $2^{3x} = 2^7$

$3x = 7$

ゆえに $x = \dfrac{7}{3}$

答 (ア) 7 (イ) 3

(2) 対数の性質より　$a>0,\ a\neq1,\ M>0,\ N>0$　のとき

$$\log_aMN=\log_aM+\log_aN,\quad \log_a\frac{M}{N}=\log_aM-\log_aN$$

より,

$$\log_{10}135=\log_{10}(5\cdot27)=\log_{10}5+\log_{10}27$$

$$=\log_{10}\frac{10}{2}+\log_{10}3^3=\log_{10}10-\log_{10}2+3\log_{10}3$$

$$=1-a+3b\qquad(\log_{10}2=a,\ \log_{10}3=b\ \text{なので})$$

$$=-a+3b+1$$

答　(ウ) $-$　(エ) 3　(オ) 1

(3) 与式から　$3^{2x}-2\cdot3^{x+1}-27<0$

$3^x=X$ とおくと　　$X>0$

不等式は　　　　$X^2-6X-27<0$

したがって,　$(X-9)(X+3)<0$

これを解いて,　$-3<X<9$

$X>0$ より,　　$0<X<9$

よって,　　　$0<3^x<9$

　　　　　　$0<3^x<3^2$

底3は1より大きいから,　$x<2$　となり, 選択肢の②である.

答　(カ) ②

---

5 次の各問いに答えなさい。

(1) 関数 $f(x)=2x^3-3x^2-12x+11$ について

極小値は　　$\boxed{\text{ア イ}}$

である。

また, $-2\leqq x\leqq4$ における $f(x)$ の最大値は

$\boxed{\text{ウ エ}}$

である。

(2) $\displaystyle\int_{-3}^{3}(x^2-6x-2)dx-2\int_{-3}^{3}(x^2+5x-1)dx=\boxed{\text{オ カ キ}}$

である。

解 答

(1) 与式を微分して

$$f'(x) = 6x^2 - 6x - 12 = 6(x^2 - x - 2)$$
$$= 6(x+1)(x-2)$$

$f'(x) = 0$ となるのは $x = -1,\ 2$

$f(x)$ の増減表は右のようになる。

$$f(-1) = 2 \cdot (-1)^3 - 3 \cdot (-1)^2 - 12 \cdot (-1) + 11$$
$$= 18$$
$$f(2) = 2 \cdot (2)^3 - 3 \cdot (2)^2 - 12 \cdot 2 + 11 = -9$$

よって $x = 2$ のとき極小値 **−9** となる。

また，$-2 \leqq x \leqq 4$ におけるグラフは右図。

最大値は $x = 4$ のときで，

$$f(4) = 2 \cdot (4)^3 - 3 \cdot (4)^2 - 12 \cdot 4 + 11 = \mathbf{43}$$

x		-1		2	
$f'(x)$	$+$	0	$-$	0	$+$
$f(x)$	↗	18	↘	-9	↗

極大　　　　極小

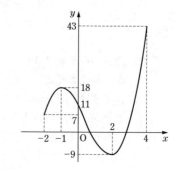

答 **(ア)**− **(イ) 9** **(ウ) 4** **(エ) 3**

(2)　$$\int_{-3}^{3} (x^2 - 6x - 2)\, dx - 2 \int_{-3}^{3} (x^2 + 5x - 1)\, dx$$

$$= \int_{-3}^{3} \{(x^2 - 6x - 2) - 2(x^2 + 5x - 1)\}\, dx = \int_{-3}^{3} (x^2 - 6x - 2 - 2x^2 - 10x + 2)\, dx$$

$$= \int_{-3}^{3} (-x^2 - 16x)\, dx = 2 \int_{0}^{3} (-x^2)\, dx = 2 \left[-\frac{x^3}{3} \right]_{0}^{3} = 2 \left(-\frac{3^3}{3} \right) = \mathbf{-18}$$

$$\left(\begin{array}{l} \text{ここで，} f(-x) = f(x)\, (\text{偶関数})\quad \text{ならば}\quad \displaystyle\int_{-a}^{a} f(x)\, dx = 2 \int_{0}^{a} f(x)\, dx \\[2mm] \qquad f(-x) = -f(x)\, (\text{奇関数})\quad \text{ならば}\quad \displaystyle\int_{-a}^{a} f(x)\, dx = 0 \qquad\qquad \text{である。} \end{array} \right)$$

答 **(オ)**− **(カ) 1** **(キ) 8**

6

関数 $y = \sin\left(\theta + \dfrac{\pi}{3}\right)$ について，次の問いに答えなさい。

(1) $\theta = \dfrac{5}{12}\pi$ のとき，$y = \dfrac{\sqrt{\boxed{\text{ア}}}}{\boxed{\text{イ}}}$ である。

(2) $\sin\theta + \sqrt{3}\cos\theta = \boxed{\text{ウ}}\sin\left(\theta + \dfrac{\pi}{3}\right)$

であるから，$0 \leqq \theta \leqq \pi$ における

$\quad\quad \sin\theta + \sqrt{3}\cos\theta$ の最大値は $\boxed{\text{エ}}$

$\quad\quad\quad\quad\quad\quad$ 最小値は $\boxed{\text{オ}}\sqrt{\boxed{\text{カ}}}$

である。

(3) $0 \leqq \theta \leqq \pi$ のとき，$y = -\dfrac{1}{2}$ を満たす θ は

$\quad\quad \theta = \dfrac{\boxed{\text{キ}}}{\boxed{\text{ク}}}\pi$

である。

解　答

(1) 与式に $\theta = \dfrac{5}{12}\pi$ を代入して

$$y = \sin\left(\frac{5}{12}\pi + \frac{\pi}{3}\right) = \sin\left(\frac{5}{12}\pi + \frac{4}{12}\pi\right) = \sin\frac{9}{12}\pi = \sin\frac{3}{4}\pi = \frac{\sqrt{2}}{2}$$

答（**ア**）**2**　（**イ**）**2**

(2) 三角関数の合成を利用する。

$\sin\theta + \sqrt{3}\cos\theta$ より，P$(1, \sqrt{3})$ とすると

$\quad$ OP $= \sqrt{1^2 + (\sqrt{3})^2} = 2$

右図より，線分 OP が x 軸の正の向きとなす角は $\dfrac{\pi}{3}$

よって $\quad \sin\theta + \sqrt{3}\cos\theta = 2\sin\left(\theta + \dfrac{\pi}{3}\right)$

$0 \leqq \theta \leqq \pi$ より $\quad \dfrac{\pi}{3} \leqq \theta + \dfrac{\pi}{3} \leqq \dfrac{4}{3}\pi$ なので

$\quad -\dfrac{\sqrt{3}}{2} \leqq \sin\left(\theta + \dfrac{\pi}{3}\right) \leqq 1$

$\quad -\sqrt{3} \leqq 2\sin\left(\theta + \dfrac{\pi}{3}\right) \leqq 2$

よって，最大値 **2**，最小値 $-\sqrt{3}$

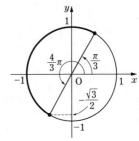

答（**ウ**）**2**　（**エ**）**2**　（**オ**）**−**　（**カ**）**3**

(3) $0 \leqq \theta \leqq \pi$ のとき, $\sin\left(\theta + \dfrac{\pi}{3}\right) = -\dfrac{1}{2}$ を満たすのは,

$\theta + \dfrac{\pi}{3} = \dfrac{7}{6}\pi$ である。

したがって, $\theta = \dfrac{7}{6}\pi - \dfrac{\pi}{3} = \dfrac{7}{6}\pi - \dfrac{2}{6}\pi = \dfrac{5}{6}\pi$

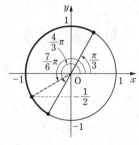

答 （キ）5 （ク）6

---

7 次の各問いに答えなさい。

(1) 3つのベクトル $\vec{a} = (1,\ 2)$, $\vec{b} = (-2,\ 3)$, $\vec{c} = (-11,\ 6)$ について

(i) $\vec{c} = m\vec{a} + n\vec{b}$ となるのは

$m = \boxed{\text{ア}\ \text{イ}}$, $n = \boxed{\ \text{ウ}\ }$

のときである。

(ii) $(\vec{a} + t\vec{b}) /\!/ \vec{c}$ となるのは

$t = \dfrac{\boxed{\text{エ}\ \text{オ}}}{\boxed{\text{カ}}}$

のときである。

(2) 右の図のように, 1辺の長さが2の正六角形 ABCDEF の対角線 AD, BE, CF の交点を O とするとき

$\overrightarrow{\text{OA}} \cdot \overrightarrow{\text{OB}} = \boxed{\ \text{キ}\ }$

である。

さらに, 正六角形 ABCDEF の内部の点 P が

$\overrightarrow{\text{PB}} + 2\overrightarrow{\text{PD}} + 3\overrightarrow{\text{PF}} = \vec{0}$

を満たすとき

$\overrightarrow{\text{OP}} = \dfrac{1}{\boxed{\text{ク}}}\overrightarrow{\text{OA}} - \dfrac{1}{\boxed{\text{ケ}}}\overrightarrow{\text{OB}}$

であり

$|\overrightarrow{\text{OP}}| = \dfrac{\sqrt{\boxed{\text{コ}}}}{\boxed{\text{サ}}}$

である。

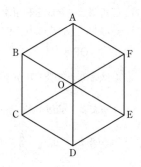

(1) (i) $\vec{c} = m\vec{a} + n\vec{b}$ は

$$(-11,\ 6) = m(1,\ 2) + n(-2,\ 3)$$

すなわち $(-11,\ 6) = (m-2n,\ 2m+3n)$

ゆえに $\begin{cases} m-2n = -11 & \cdots\cdots ① \\ 2m+3n = 6 & \cdots\cdots ② \end{cases}$

①×2−②より $-7n = -28$ よって,$n = 4$

①に代入して,$m = -3$

答 (ア)− (イ)3 (ウ)4

(ii) $\vec{a} + t\vec{b} \neq \vec{0}$,$\vec{c} \neq \vec{0}$ であるとき,$\vec{a} + t\vec{b}$ と $\vec{c}$ が平行になるための必要十分条件は,

$$\vec{a} + t\vec{b} = k\vec{c}$$ を満たす実数 k が存在する

ことである。

よって $(1,\ 2) + t(-2,\ 3) = k(-11,\ 6)$

$$(1-2t,\ 2+3t) = (-11k,\ 6k)$$

ゆえに $\begin{cases} 1-2t = -11k & \cdots\cdots ① \\ 2+3t = 6k & \cdots\cdots ② \end{cases}$

①×3+②×2より $7 = -21k$ よって $k = -\dfrac{1}{3}$

②に代入して $2+3t = -2$ $t = -\dfrac{4}{3}$ となる。

答 (エ)− (オ)4 (カ)3

【別解】 成分で表された $\vec{a} = (a_1,\ a_2)$,$\vec{b} = (b_1,\ b_2)$ の平行条件

$$\vec{a} /\!/ \vec{b} \Leftrightarrow a_1 b_2 - a_2 b_1 = 0$$

であることを利用すると,

$\vec{a} + t\vec{b} = (1-2t,\ 2+3t)$,$\vec{c} = (-11,\ 6)$ であるから

$$(1-2t) \times 6 - (2+3t) \times (-11) = 0$$

$$21t = -28$$

$$t = -\frac{4}{3}$$

— 79 —

(2) 1辺の長さが2の正六角形 ABCDEF であるから,

$$|\overrightarrow{OA}|=2, \quad |\overrightarrow{OB}|=2, \quad \angle AOB = 60°$$

よって $\overrightarrow{OA}$ と $\overrightarrow{OB}$ の内積は,

$$\overrightarrow{OA}\cdot\overrightarrow{OB} = |\overrightarrow{OA}||\overrightarrow{OB}|\cos 60° = 2\cdot 2\cdot \frac{1}{2} = \boldsymbol{2}$$

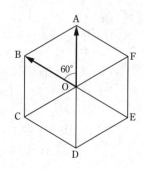

さらに, $\overrightarrow{PB}+2\overrightarrow{PD}+3\overrightarrow{PF}=\vec{0}$ において,

$\overrightarrow{PB}=\overrightarrow{PO}+\overrightarrow{OB}, \quad \overrightarrow{PD}=\overrightarrow{PO}+\overrightarrow{OD}, \quad \overrightarrow{PF}=\overrightarrow{PO}+\overrightarrow{OF}$ なので,

与式を変形すると

$$(\overrightarrow{PO}+\overrightarrow{OB})+2(\overrightarrow{PO}+\overrightarrow{OD})+3(\overrightarrow{PO}+\overrightarrow{OF})=\vec{0}$$

整理して $\quad 6\overrightarrow{PO}+\overrightarrow{OB}+2\overrightarrow{OD}+3\overrightarrow{OF}=\vec{0}$

また, $\overrightarrow{OD}=-\overrightarrow{OA}, \quad \overrightarrow{OF}=\overrightarrow{BA}=\overrightarrow{OA}-\overrightarrow{OB}$ なので

始点をOにして $\quad -6\overrightarrow{OP}+\overrightarrow{OB}+2(-\overrightarrow{OA})+3(\overrightarrow{OA}-\overrightarrow{OB})=\vec{0}$

となる。

すなわち $\quad -6\overrightarrow{OP}+\overrightarrow{OA}-2\overrightarrow{OB}=\vec{0}$

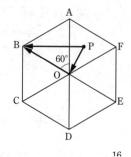

よって $\quad \overrightarrow{OP}=\dfrac{1}{6}\overrightarrow{OA}-\dfrac{1}{3}\overrightarrow{OB} \quad$ である。

また, $|\overrightarrow{OP}|^2=\overrightarrow{OP}\cdot\overrightarrow{OP}=\left(\dfrac{1}{6}\overrightarrow{OA}-\dfrac{1}{3}\overrightarrow{OB}\right)\cdot\left(\dfrac{1}{6}\overrightarrow{OA}-\dfrac{1}{3}\overrightarrow{OB}\right)$

$$=\dfrac{1}{36}|\overrightarrow{OA}|^2-2\cdot\dfrac{1}{6}\cdot\dfrac{1}{3}\cdot\overrightarrow{OA}\cdot\overrightarrow{OB}+\dfrac{1}{9}|\overrightarrow{OB}|^2$$

$$=\dfrac{1}{36}\cdot 4-2\cdot\dfrac{1}{6}\cdot\dfrac{1}{3}\cdot 2+\dfrac{1}{9}\cdot 4$$

$$=\dfrac{1}{9}-\dfrac{2}{9}+\dfrac{4}{9}=\dfrac{3}{9}=\dfrac{1}{3}$$

したがって, $|\overrightarrow{OP}|=\sqrt{\dfrac{1}{3}}=\dfrac{\sqrt{3}}{3} \quad$ である。

答 (キ) **2** (ク) **6** (ケ) **3** (コ) **3** (サ) **3**

数学　4月実施　　正解と配点　　　　　　　　　　　　　　（60分，100点満点）

問題番号		記号	正解	配点
1	(1)	ア	3	4
		イ	6	
		ウ	ー	
		エ	8	
	(2)	オ	4	4
		カ	7	
	(3)	キ	2	2
		ク	2	2
		ケ	1	
	(4)	コ	ー	4
		サ	7	
2	(1)	ア	ー	3
		イ	2	
		ウ	4	
		エ	2	3
	(2)	オ	③	4
	(3)	カ	ー	5
		キ	3	
		ク	2	
		ケ	3	
		コ	2	
3	(1)	ア	ー	4
		イ	2	
		ウ	2	
		エ	0	
	(2)	オ	3	4
		カ	1	
		キ	2	
	(3)	ク	4	4
		ケ	3	
4	(1)	ア	7	4
		イ	3	
	(2)	ウ	ー	4
		エ	3	
		オ	1	
	(3)	カ	②	4

問題番号		記号	正解	配点
5	(1)	ア	ー	4
		イ	9	
		ウ	4	4
		エ	3	
	(2)	オ	ー	4
		カ	1	
		キ	8	
6	(1)	ア	2	4
		イ	2	
	(2)	ウ	2	2
		エ	2	2
		オ	ー	4
		カ	3	
	(3)	キ	5	4
		ク	6	
7	(1)	ア	ー	3
		イ	3	
		ウ	4	
		エ	ー	3
		オ	4	
		カ	3	
	(2)	キ	2	3
		ク	6	4
		ケ	3	
		コ	3	4
		サ	3	

---

1 次の各問いに答えなさい。

(1) $x = 1 + \dfrac{1}{\sqrt{6}}$, $y = 1 - \dfrac{1}{\sqrt{6}}$ のとき

$$xy = \dfrac{\boxed{ア}}{\boxed{イ}}, \quad x^2 + y^2 = \dfrac{\boxed{ウ}}{\boxed{エ}}$$

である。

(2) a を自然数として，6個のデータ 3, 6, 4, 1, 5, a の箱ひげ図が以下のようであるとき，

$a = \boxed{オ}$ である。

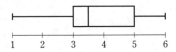

(3) 133 と 323 の最大公約数は $\boxed{カ}\boxed{キ}$ である。

(4) 整式 $x^3 - 4x^2 + 7x - 2$ を整式 $x - 2$ で割ると

　　　商は　$x^2 - \boxed{ク}x + \boxed{ケ}$

　　　余りは　$\boxed{コ}$

である。

(5) △ABC において，BC = 5，CA = 6，∠A = 150° であるとき

$$\sin\angle B = \dfrac{\boxed{サ}}{\boxed{シ}}$$

である。

(6) $\vec{a} = (-2, -3)$，$\vec{b} = (5, -1)$ のとき

　　　$\vec{a} \cdot \vec{b} = \boxed{ス}\boxed{セ}$，$|\vec{a}| = \sqrt{\boxed{ソ}\boxed{タ}}$

である。

【解　答】

(1) $xy = \left(1 + \dfrac{1}{\sqrt{6}}\right)\left(1 - \dfrac{1}{\sqrt{6}}\right) = 1 - \dfrac{1}{6} = \dfrac{5}{6}$

$x + y = \left(1 + \dfrac{1}{\sqrt{6}}\right) + \left(1 - \dfrac{1}{\sqrt{6}}\right) = 2$

よって，$x^2 + y^2 = (x + y)^2 - 2xy = 2^2 - 2 \cdot \dfrac{5}{6} = 4 - \dfrac{5}{3} = \dfrac{7}{3}$

答　(ア) 5　(イ) 6　(ウ) 7　(エ) 3

(2) 5個のデータの値を小さい方から順に並べると

$$1, \quad 3, \quad 4, \quad 5, \quad 6$$

中央値

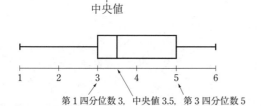

第1四分位数 3, 中央値 3.5, 第3四分位数 5

中央値は 3.5 で 3 と 4 の間にあるので,中央値より小さいデータの数は 3 個であり, $a \leqq 3$

また,最小値が 1 なので, $a \geqq 1$

このことから 6 個のデータは

$$1, \quad a, \quad 3, \quad 4, \quad 5, \quad 6$$

第1四分位数 中央値

の順になり,第1四分位数が 3 なので, $a = 3$

答(オ)3

(3) 2つの数を素因数分解すると, $133 = 7 \times 19$

$$323 = 17 \times 19$$

最大公約数は共通な素因数に,指数が最も小さいものを付けて掛け合わせる。

よって,最大公約数は **19**

答(カ)1 (キ)9

【別解】 ユークリッドの互除法を用いると,

$$323 = 133 \cdot 2 + 57$$

$$133 = 57 \cdot 2 + 19$$

$$57 = 19 \cdot 3$$

よって,最大公約数は **19**

(4)

$$
\begin{array}{r}
x^2 - 2x + 3 \\
x-2 \overline{\smash{)}\ x^3 - 4x^2 + 7x - 2} \\
\underline{x^3 - 2x^2} \\
-2x^2 + 7x \\
\underline{-2x^2 + 4x} \\
3x - 2 \\
\underline{3x - 6} \\
4
\end{array}
$$

左の計算より,

商 $x^2 - 2x + 3$, 余り **4**

答(ク)2 (ケ)3 (コ)4

【別解】 組立除法を用いると,

$$
\begin{array}{rrrr|l}
1 & -4 & 7 & -2 & \underline{2} \\
 & 2 & -4 & 6 & \\
\hline
1 & -2 & 3 & 4 &
\end{array}
$$

よって,商 $x^2 - 2x + 3$, 余り **4**

(5) ＊大学よりの通知＊

「△ABC で,BC = 5,CA = 6,∠A = 150° のときの sin∠B の値」を問う内容であった。ここでは ∠A が鈍角であることから,その対辺 BC が最大辺であるべきであったが,実際には CA(= 6)が最大辺となっており,条件設定の不備であり,全員正解とする。

(6) 内積の成分による表現　$\vec{a}=(a_1,\ a_2)$, $\vec{b}=(b_1,\ b_2)$　のとき　$\vec{a}\cdot\vec{b}=a_1b_1+a_2b_2$　である。

よって　$\vec{a}=(-2,\ -3)$, $\vec{b}=(5,\ -1)$　であるので

$$\vec{a}\cdot\vec{b}=(-2)\cdot5+(-3)\cdot(-1)=-10+3=\boldsymbol{-7}$$

また，$|\vec{a}|^2=\vec{a}\cdot\vec{a}=(-2)\cdot(-2)+(-3)\cdot(-3)=4+9=13$

したがって，$|\vec{a}|=\sqrt{13}$

答　（ス）－　（セ）7　（ソ）1　（タ）3

---

2 放物線　$y=x^2+2x-5$ ……①　について，次の問いに答えなさい。

(1) 放物線①の頂点は，点　ア　である。　ア　に最も適するものを下の選択肢から選び，番号で答えなさい。

〈選択肢〉
① $(2,\ -5)$　② $(2,\ -6)$　③ $(1,\ -6)$　④ $(1,\ -5)$
⑤ $(-2,\ -5)$　⑥ $(-2,\ -6)$　⑦ $(-1,\ -6)$　⑧ $(-1,\ -5)$

(2) 放物線①が x 軸と2点で交わる点を A，B とする。このとき，A，B 間の距離は　イ $\sqrt{\boxed{ウ}}$　である。

(3) 放物線①を x 軸方向に 3，y 軸方向に　エ　だけ平行移動すると，原点と点(4，　オ　)を通る放物線になる。

解　答

(1) 与式を平方完成して

$$y=(x^2+2x+1)-1-5$$
$$=(x+1)^2-6$$

この関数のグラフは下に凸の放物線で，軸は $x=-1$，頂点は点$(-1,\ -6)$であるから，選択肢の⑦である。

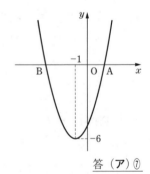

答　（ア）⑦

(2) 点 A,B は x 軸上の点であるから，A，B 間の距離 AB は，A，B の x 座標 α，β $(\beta<\alpha)$の差 $\alpha-\beta$ になる。したがって，与式に $y=0$ を代入して，点 A，B の x 座標を求める。

$$x^2+2x-5=0$$

2つの解を α，β とすると，解と係数の関係より

$$\begin{cases}\alpha+\beta=-2\\\alpha\beta=-5\end{cases}\ (\beta<\alpha)$$

$$AB^2=(\alpha-\beta)^2=(\alpha+\beta)^2-4\alpha\beta=(-2)^2-4\cdot(-5)=4+20=24$$

$AB>0$ より　　$AB=\sqrt{24}=\boldsymbol{2\sqrt{6}}$

答　（イ）2　（ウ）6

【別解】 $ax^2+bx+c=0\,(a\neq0)$ の解は $x=\dfrac{-b\pm\sqrt{b^2-4ac}}{2a}$

よって2つの解を α, $\beta\,(\beta<\alpha)$ とするとき，その差は，

$$\alpha-\beta=\frac{-b+\sqrt{b^2-4ac}}{2a}-\frac{-b-\sqrt{b^2-4ac}}{2a}=\frac{2\sqrt{b^2-4ac}}{2a}=\frac{\sqrt{b^2-4ac}}{a}$$

すなわち $\dfrac{\sqrt{b^2-4ac}}{a}=\dfrac{\sqrt{D}}{a}$ （D：判別式）

よって，$x^2+2x-5=0$ の判別式 $D=4-4\cdot1\cdot(-5)=24$

すなわち $\alpha-\beta=\dfrac{\sqrt{24}}{1}=\boldsymbol{2\sqrt6}$ である。

(3) $y=f(x)$ のグラフの平行移動は，x 軸方向に p，y 軸方向に q だけの場合

$$y=f(x)\quad\longrightarrow\quad y-q=f(x-p)$$

放物線①を x 軸方向に3，y 軸方向に q だけ平行移動すると

$$y-q=(x-3)^2+2(x-3)-5$$

すなわち $y=x^2-6x+9+2x-6-5+q$

整理して $y=x^2-4x-2+q$

これが原点を通るので，$x=0$，$y=0$ を代入すると，

$0=0^2-4\cdot0-2+q$ よって $q=\boldsymbol{2}$

よって求める放物線は $y=x^2-4x$ となる。

$x=4$ のとき $y=4^2-4\cdot4=0$ なので，点 $(4,\ \boldsymbol{0})$ を通る。

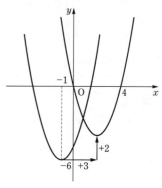

答（エ）**2** （オ）**0**

— 85 —

3 赤球が 3 個, 白球が 2 個, 青球が 1 個入った袋の中から無作為に 3 個の球を同時に取り出すとき, 次の問いに答えなさい。ただし, すべての球は区別がつくものとする。

(1) 3 個の球の取り出し方は全部で

$$\boxed{ア}\boxed{イ}\ 通り$$

である。

(2) 取り出した球の色がすべて異なる確率は

$$\frac{\boxed{ウ}}{\boxed{エ}\boxed{オ}}$$

である。

(3) 取り出した球の色がちょうど 2 色である確率は

$$\frac{\boxed{カ}\boxed{キ}}{\boxed{ア}\boxed{イ}}$$

である。

解 答

(1) 赤球, 白球, 青球全部で 6 個の球で, そこから 3 個の球を取り出す場合の総数は,

$$_6C_3 = \frac{6\cdot 5\cdot 4}{3\cdot 2\cdot 1} = 20\ (通り)$$

答（ア）2 （イ）0

(2) 取り出した球の色がすべて異なるのは, 赤球 1 個, 白球 1 個, 青球 1 個の場合であるから, 求める確率は

$$\frac{_3C_1\cdot {_2C_1}\cdot {_1C_1}}{_6C_3} = \frac{3\cdot 2\cdot 1}{20} = \frac{3}{10}$$

答（ウ）3 （エ）1 （オ）0

(3) 取り出した球の色がちょうど 2 色の場合は, 3 個すべて赤球の場合と, 球の色がすべて異なる場合（(2)の場合）との余事象である。

3 個すべて赤球の場合の確率は $\frac{_3C_3}{_6C_3} = \frac{1}{20}$ で, 球の色がすべて異なる場合の確率は $\frac{3}{10}$ であるから, 求める確率は,

$$1 - \left(\frac{1}{20} + \frac{3}{10}\right) = \frac{20 - 1 - 6}{20} = \frac{13}{20}$$

答（カ）1 （キ）3

4 円①：点 A$(-2, 3)$ を中心とし，半径 $\sqrt{5}$

直線②：$2x - y - 2 = 0$

について，次の問いに答えなさい。

(1) 円①の方程式は

$$x^2 + y^2 + \boxed{\text{ア}}\, x - \boxed{\text{イ}}\, y + \boxed{\text{ウ}} = 0$$

である。

(2) 点 A を通り，直線②に垂直な直線の方程式は

$$x + \boxed{\text{エ}}\, y - \boxed{\text{オ}} = 0$$

である。

(3) 直線②に平行で，円①に接する直線を 2 本引く。

その 2 つの接点のうち，直線②との距離が大きい方の点の座標は

$$(\boxed{\text{カ}}\boxed{\text{キ}},\ \boxed{\text{ク}})$$

である。

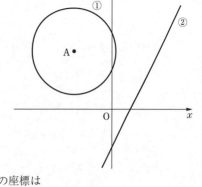

【解 答】

(1) 中心 (a, b)，半径 r の円の方程式は　　$(x-a)^2 + (y-b)^2 = r^2$　であるから，

中心 $(-2, 3)$，半径 $\sqrt{5}$ の円は

$$(x+2)^2 + (y-3)^2 = (\sqrt{5})^2$$

よって　　$x^2 + 4x + 4 + y^2 - 6y + 9 = 5$

整理して　　$x^2 + y^2 + 4x - 6y + 8 = 0$

答（ア）4　（イ）6　（ウ）8

(2) 2 直線 $y = m_1 x + n_1$，$y = m_2 x + n_2$ について，2 直線が平行になるときは $m_1 = m_2$，2 直線が垂直に交わるときは $m_1 m_2 = -1$　となる。

直線②は $y = 2x - 2$ で傾きが 2 である。

よって，直線②に垂直な直線の傾き m は，

$$2 \cdot m = -1 \quad より \quad m = -\frac{1}{2}$$

傾きが $-\dfrac{1}{2}$ で，点 $(-2, 3)$ を通るから

$$y - 3 = -\frac{1}{2}(x + 2)$$

両辺を 2 倍して，　$2y - 6 = -x - 2$

よって，求める直線の方程式は　　$x + 2y - 4 = 0$

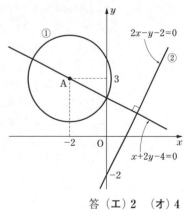

答（エ）2　（オ）4

【参考】　点 (x_1, y_1) を通り，傾き m の直線の方程式は

$$y - y_1 = m(x - x_1)$$

である。

(3) 求める接点は，(2)で求めた直線と円①との交点である。

$$\begin{cases} (x+2)^2+(y-3)^2=5 & \cdots\cdots① \\ x+2y-4=0 & \cdots\cdots③ \end{cases}$$

③より　　$2y=-x+4$　　すなわち　$y=-\dfrac{1}{2}x+2$

これを①に代入する。

$$(x+2)^2+\left(-\dfrac{1}{2}x+2-3\right)^2=5$$

$$x^2+4x+4+\dfrac{1}{4}x^2+x+1=5$$

整理して　　$\dfrac{5}{4}x^2+5x=0$　　　　よって　　$5x\left(\dfrac{1}{4}x+1\right)=0$

したがって，$x=-4,\ 0$

直線②との距離が大きい方は図から　$x=-4$ のときであり，　$y=-\dfrac{1}{2}\cdot(-4)+2=2+2=4$

したがって，直線②との距離が大きい方の点の座標は，$(-4,\ 4)$

答　(カ) $-$　(キ) 4　(ク) 4

【別解】　直線②と平行で円と接する直線から求めるには，次のようになる。

直線②と平行な直線は　$2x-y+p=0$　$\cdots\cdots④$　とおける。

円と直線が1点で接するのは，円の中心からの距離が半径に同じ場合である。

よって，円の中心 $A(-2,\ 3)$ と直線④との距離が半径 $\sqrt{5}$ となるから

$$d=\dfrac{|2\cdot(-2)+(-1)\cdot3+p|}{\sqrt{2^2+(-1)^2}}=\sqrt{5}$$

整理して，　$|p-7|=5$　　　$\therefore\ p-7=\pm5$

よって，$p=12,\ 2$ となる。

②との距離が大きい方が求める解なので，$p=12$

よって④は　　$2x-y+12=0$

すなわち　　$y=2x+12$　$\cdots\cdots⑤$

⑤を①に代入する。

$$(x+2)^2+(2x+12-3)^2=5$$

整理して　　$5x^2+40x+80=0$

よって　　　$x^2+8x+16=0$

$$(x+4)^2=0\qquad x=-4$$

⑤に代入して，$y=4$ となる。

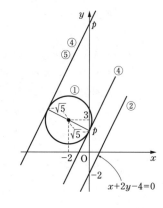

— 88 —

5 次の各問いに答えなさい。

(1) $\sin\theta + \cos\theta = -\dfrac{1}{2}$ のとき

$$\sin\theta\cos\theta = \dfrac{\boxed{\text{ア}}\boxed{\text{イ}}}{\boxed{\text{ウ}}}$$

である。

(2) $0 \leqq \theta < 2\pi$ のとき，不等式 $\sqrt{2}\cos\theta - 1 < 0$ を満たす θ の値の範囲は

$$\dfrac{\boxed{\text{エ}}}{\boxed{\text{オ}}}\pi < \theta < \dfrac{\boxed{\text{カ}}}{\boxed{\text{キ}}}\pi$$

である。

(3) $\dfrac{\pi}{8} \leqq \theta \leqq \dfrac{5}{12}\pi$ のとき，$y = 2\sin 2\theta$ の最小値は $\boxed{\text{ク}}$ である。$\boxed{\text{ク}}$ に最も適するものを下の選択肢から選び，番号で答えなさい。

> 〈選択肢〉
> ① -2 ② $-\sqrt{3}$ ③ $-\sqrt{2}$ ④ -1
> ⑤ 0 ⑥ 1 ⑦ $\sqrt{2}$ ⑧ $\sqrt{3}$

[解 答]

(1) $\sin\theta + \cos\theta = -\dfrac{1}{2}$ の両辺を 2 乗すると

$$\sin^2\theta + 2\sin\theta\cos\theta + \cos^2\theta = \dfrac{1}{4} \qquad \text{ここで} \quad \sin^2\theta + \cos^2\theta = 1 \quad \text{であるので}$$

$$1 + 2\sin\theta\cos\theta = \dfrac{1}{4}$$

よって $\quad 2\sin\theta\cos\theta = -\dfrac{3}{4} \qquad$ ゆえに $\quad \sin\theta\cos\theta = -\dfrac{3}{8}$

答 （ア）$-$ （イ）3 （ウ）8

(2) $0 \leqq \theta < 2\pi$ の範囲で $\sqrt{2}\cos\theta - 1 = 0$ すなわち $\cos\theta = \dfrac{1}{\sqrt{2}}$

を満たすのは，右図より $\quad \theta = \dfrac{\pi}{4},\ \dfrac{7}{4}\pi$

したがって不等式 $\sqrt{2}\cos\theta - 1 < 0$ を満たす θ の範囲は

$$\dfrac{1}{4}\pi < \theta < \dfrac{7}{4}\pi$$

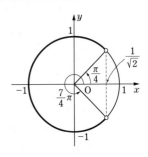

答 （エ）1 （オ）4 （カ）7 （キ）4

(3) $\dfrac{\pi}{8} \leqq \theta \leqq \dfrac{5}{12}\pi$ なので $\dfrac{\pi}{4} \leqq 2\theta \leqq \dfrac{5}{6}\pi$ となる。

よって右図より $\dfrac{1}{2} \leqq \sin 2\theta \leqq 1$

すなわち $1 \leqq 2\sin 2\theta \leqq 2$

よって最小値は1であるから，選択肢の⑥である。

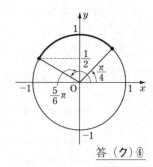

答（ク）⑥

---

6 次の各問いに答えなさい。

(1) $2^{1-x} = \dfrac{1}{64}$ のとき，$x=$ ア である。

(2) $\log_3 18 - \log_3 \dfrac{2}{9} =$ イ である。

(3) 不等式 $\log_5(14-2x) > 1 + \log_5 x$ の解は

ウ $< x <$ エ

である。

解 答

(1) $2^{1-x} = \dfrac{1}{64}$ から $2^{1-x} = 2^{-6}$

よって，$1-x=-6$ ゆえに $x=\mathbf{7}$

答（ア）**7**

(2) 対数の性質より $a>0$, $a\neq 1$, $M>0$, $N>0$ のとき

$$\log_a MN = \log_a M + \log_a N, \quad \log_a \dfrac{M}{N} = \log_a M - \log_a N \quad \text{より}$$

$$\log_3 18 - \log_3 \dfrac{2}{9} = \log_3 \left(18 \cdot \dfrac{1}{\frac{2}{9}}\right) = \log_3 9^2 = \log_3 3^4 = 4\log_3 3 = \mathbf{4}$$

答（イ）**4**

(3) 対数の真数は正であるから

$14-2x>0$ かつ $x>0$ よって $0<x<7$ ……①

$\log_5 5 = 1$ であるから，不等式は

$$\log_5(14-2x) > \log_5 5 + \log_5 x$$

すなわち $\log_5(14-2x) > \log_5 5x$

底5は1より大きいから $14-2x>5x$

$14>7x$

$2>x$

①との共通範囲を求めて $\mathbf{0<x<2}$

答（ウ）**0** （エ）**2**

7 次の各問いに答えなさい。

(1) 関数 $y=-x^3+6x^2-9x+2$ ……① は

$$x=\boxed{\ \textbf{ア}\ } \text{ のとき, 極小値 }\boxed{\ \textbf{イ}\ \textbf{ウ}\ }$$

をとる。

(2) (1)の関数①のグラフの接線の傾きが最大になるとき, その接線の方程式は

$$y=\boxed{\ \textbf{エ}\ }x-\boxed{\ \textbf{オ}\ }$$

である。

(3) 放物線 $y=-x^2+3x$ と x 軸, 直線 $x=-1$, および直線
$x=2$ で囲まれた右の2つの斜線部分の面積の和は

$$\frac{\boxed{\ \textbf{カ}\ \textbf{キ}\ }}{\boxed{\ \textbf{ク}\ }}$$

である。

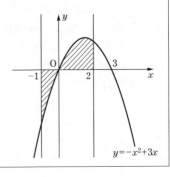

$y=-x^2+3x$

解 答

(1) ①式を微分して,

$$y'=-3x^2+12x-9=-3(x^2-4x+3)$$
$$=-3(x-1)(x-3)$$

$y'=0$ となるのは, $x=1, 3$

y の増減表は右のようになる。

$y=f(x)$ とすると

$$x=1 \text{ のとき, 極小値 } f(1)=-1^3+6\cdot1^2-9\cdot1+2$$
$$=-1+6-9+2=\boldsymbol{-2}$$
$$x=3 \text{ のとき, 極大値 } f(3)=-3^3+6\cdot3^2-9\cdot3+2$$
$$=-27+54-27+2=2$$

x	$\cdots$	1	$\cdots$	3	$\cdots$
y'	$-$	0	$+$	0	$-$
y	$\searrow$	-2	$\nearrow$	2	$\searrow$

極小　　　　　極大

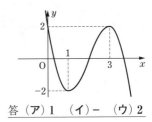

答 (**ア**) 1　(**イ**) −　(**ウ**) 2

— 91 —

(2) 接線の傾きが最大になるというのは，接線の方程式 $y-f(a)=f'(a)(x-a)$ において，$f'(a)$ が最大の場合である。したがって，①の導関数において最大値を求めることになる。

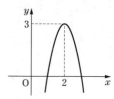

(1)より　$y'=-3x^2+12x-9$　を平方完成すると

$$y'=-3(x^2-4x+4)+12-9$$
$$=-3(x-2)^2+3$$

このグラフは右図。

$x=2$ のとき，接線の傾きは最大値3となる。

このときの接点の y 座標は，関数①を $y=f(x)$ とおいて

$$f(2)=-2^3+6\cdot2^2-9\cdot2+2=-8+24-18+2=0$$

よって，点$(2,\ 0)$を通り，傾き3であるから

$$y-0=3(x-2)\qquad すなわち\qquad y=3x-6$$

答　(エ) 3　(オ) 6

【参考】　点$(x_1,\ y_1)$を通り，傾き m の直線の方程式は

$$y-y_1=m(x-x_1)$$

である。

(3)　$y=-x^2+3x$ と x 軸の交点の x 座標は，$y=0$ のときであるから

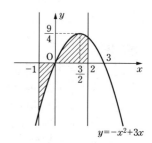

$$-x^2+3x=-x(x-3)=0\qquad より\qquad x=0,\ 3$$

したがって，図から，求める面積 S は

$$S=-\int_{-1}^{0}(-x^2+3x)\,dx+\int_{0}^{2}(-x^2+3x)\,dx$$

$$=-\left[-\frac{x^3}{3}+\frac{3}{2}x^2\right]_{-1}^{0}+\left[-\frac{x^3}{3}+\frac{3}{2}x^2\right]_{0}^{2}$$

$$=0+\left\{-\frac{1}{3}\cdot(-1)^3+\frac{3}{2}\cdot(-1)^2\right\}+\left\{-\frac{1}{3}\cdot(2)^3+\frac{3}{2}\cdot(2)^2\right\}-0$$

$$=\frac{1}{3}+\frac{3}{2}-\frac{8}{3}+\frac{12}{2}=\frac{2+9-16+36}{6}=\frac{31}{6}$$

答　(カ) 3　(キ) 1　(ク) 6

8 次の各問いに答えなさい。

(1) 第8項が4，第19項が26 である等差数列 $\{a_n\}$ について，一般項 a_n は

$$a_n = \boxed{ア}\,n - \boxed{イ}\boxed{ウ}$$

であり，

$$\sum_{k=1}^{n} a_k = n(n - \boxed{エ}\boxed{オ})$$

である。

(2) 数列 $\{b_n\}$ が

$$b_1 = -4, \quad b_{n+1} = -2b_n - 6 \quad (n = 1, 2, 3, \cdots\cdots)$$

で定められるとき，一般項 b_n は

$$b_n = (\boxed{カ}\boxed{キ})^n - \boxed{ク}$$

である。

解答

(1) 初項を a，公差を d とすると，等差数列の一般項は $a_n = a + (n-1)d$ と表すことができる。

$a_8 = 4$，$a_{19} = 26$ であるから

$$\begin{cases} a + 7d = 4 & \cdots\cdots ① \\ a + 18d = 26 & \cdots\cdots ② \end{cases}$$

②－①より $11d = 22$　$d = 2$　よって $a = -10$ となる。

したがって，一般項は $a_n = -10 + (n-1) \cdot 2 = \boldsymbol{2n - 12}$

また，$\displaystyle\sum_{k=1}^{n} a_k = \sum_{k=1}^{n}(2k - 12) = 2\sum_{k=1}^{n} k - 12\sum_{k=1}^{n} 1 = 2 \cdot \frac{1}{2} n(n+1) - 12n$

$$= n^2 + n - 12n = n^2 - 11n = n(n - \boldsymbol{11})$$

答 （ア）2 （イ）1 （ウ）2 （エ）1 （オ）1

(2) 与式は漸化式で定められる数列である。

$b_{n+1} = -2b_n - 6$ を変形すると

$$b_{n+1} + 2 = -2(b_n + 2)$$

ここで $b_n + 2 = c_n$ とおくと

$$c_{n+1} = -2c_n, \quad c_1 = b_1 + 2 = -4 + 2 = -2$$

よって数列 $\{c_n\}$ は，初項 -2，公比 -2 の等比数列であるから

$$c_n = -2 \cdot (-2)^{n-1}$$

したがって，$b_n + 2 = -2 \cdot (-2)^{n-1}$

$$b_n = -2 \cdot (-2)^{n-1} - 2 = (\boldsymbol{-2})^n - \boldsymbol{2}$$

答 （カ）－ （キ）2 （ク）2

数学　9月実施　文系　　正解と配点

問題番号	設問	正解	配点
1	(1)	ア 5	2
		イ 6	
		ウ 7	2
		エ 3	
	(2)	オ 3	4
	(3)	カ 1	4
		キ 9	
	(4)	ク 2	4
		ケ 3	
		コ 4	
	(5)	サ ※	4
		シ ※	
	(6)	ス −	2
		セ 7	
		ソ 1	2
		タ 3	
2	(1)	ア ⑦	3
	(2)	イ 2	4
		ウ 6	
	(3)	エ 2	2
		オ 0	2
3	(1)	ア 2	3
		イ 0	
	(2)	ウ 3	4
		エ 1	
		オ 0	
	(3)	カ 1	4
		キ 3	
4	(1)	ア 4	3
		イ 6	
		ウ 8	
	(2)	エ 2	4
		オ 4	
	(3)	カ −	4
		キ 4	
		ク 4	

問題番号	設問	正解	配点
5	(1)	ア −	3
		イ 3	
		ウ 8	
	(2)	エ 1	3
		オ 4	
		カ 7	
		キ 4	
	(3)	ク ⑥	4
6	(1)	ア 7	3
	(2)	イ 4	3
	(3)	ウ 0	5
		エ 2	
7	(1)	ア 1	2
		イ −	2
		ウ 2	
	(2)	エ 3	3
		オ 6	
	(3)	カ 3	4
		キ 1	
		ク 6	
8	(1)	ア 2	3
		イ 1	
		ウ 2	
		エ 1	4
		オ 1	
	(2)	カ −	4
		キ 2	
		ク 2	

※ 1 の(5)は条件設定の不備で，正解はありません。

1 次の各問いに答えなさい。ただし，(6)，(7)の i は虚数単位とする。

(1) 2次関数 $y=x^2-4x-8$ のグラフを x 軸方向に2，y 軸方向に -7 だけ平行移動したグラフを表す式は

$$y=x^2-\boxed{\text{ア}}\,x-\boxed{\text{イ}}$$

である。

(2) 2次方程式 $x^2+9x-3=0$ の2つの解を α，β とするとき

$$(\alpha-1)(\beta-1)=\boxed{\text{ウ}}$$

である。

(3) 3辺の長さが5，6，7である三角形の最大の内角の大きさを θ とするとき

$$\cos\theta=\frac{\boxed{\text{エ}}}{\boxed{\text{オ}}}$$

である。

(4) 点 $(3,4)$ を中心とし，直線 $2x+y-5=0$ に接する円の方程式は

$$x^2+y^2-\boxed{\text{カ}}\,x-\boxed{\text{キ}}\,y+\boxed{\text{ク}}\boxed{\text{ケ}}=0$$

である。

(5) $\displaystyle\lim_{x\to\infty}(\sqrt{x^2+5x+1}-x)=\dfrac{\boxed{\text{コ}}}{\boxed{\text{サ}}}$ である。

(6) $\dfrac{5+5i}{a+bi}=3-i$ のとき，実数 a，b の値は，$a=\boxed{\text{シ}}$，$b=\boxed{\text{ス}}$ である。

(7) $\left\{\sqrt{2}\left(\cos\dfrac{\pi}{8}+i\sin\dfrac{\pi}{8}\right)\right\}^4=\boxed{\text{セ}}\,i$ である。

(8) 双曲線 $\dfrac{x^2}{3}-\dfrac{y^2}{4}=1$ の2つの焦点の座標は $\boxed{\text{ソ}}$ である。$\boxed{\text{ソ}}$ に最も適するものを下の選択肢から選び，番号で答えなさい。

〈選択肢〉
① $(1,0)$，$(-1,0)$　　② $(\sqrt{3},0)$，$(-\sqrt{3},0)$
③ $(2,0)$，$(-2,0)$　　④ $(\sqrt{7},0)$，$(-\sqrt{7},0)$
⑤ $(0,1)$，$(0,-1)$　　⑥ $(0,\sqrt{3})$，$(0,-\sqrt{3})$
⑦ $(0,2)$，$(0,-2)$　　⑧ $(0,\sqrt{7})$，$(0,-\sqrt{7})$

解　答

(1) 2次関数のグラフを x 軸方向に p，y 軸方向に q だけ平行移動したグラフを表す式は

$$y=f(x)\quad\longrightarrow\quad y-q=f(x-p)$$

であるから，x 軸方向に2，y 軸方向に -7 だけ平行移動したグラフを表す式は

$$y+7=(x-2)^2-4(x-2)-8$$

である。

整理して，　　$y = x^2 - 8x - 3$

答 （ア）8　（イ）3

【別解】　与式を平方完成すると，

$$y = (x-2)^2 - 4 - 8 = (x-2)^2 - 12$$

となるので，頂点は $(2, \ -12)$

頂点 $(2, \ -12)$ を，x 軸方向に 2，y 軸方向に -7 だけ平行移動すると，頂点は $(4, \ -19)$ となる。

したがって，求める式は，$y = (x-4)^2 - 19$
$$= x^2 - 8x + 16 - 19$$
$$= x^2 - 8x - 3$$

(2)　2次方程式の解と係数の関係より，$x^2 + 9x - 3 = 0$ の2つの解を $\alpha, \ \beta$ とすれば，

$$\begin{cases} \alpha + \beta = -9 \\ \alpha \beta = -3 \end{cases} \quad \text{となる。}$$

よって，$(\alpha - 1)(\beta - 1) = \alpha\beta - (\alpha + \beta) + 1$
$$= (-3) - (-9) + 1 = 7$$

答 （ウ）7

(3)　三角形 ABC において，3辺の長さを $a=5$，$b=6$，$c=7$ とすると，

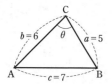

三角形 ABC は左図のようになる。

辺 AB が最大の辺であるから，最大となる内角は $\angle$C である。

よって余弦定理を用いて

$$\cos\theta = \frac{a^2 + b^2 - c^2}{2ab} = \frac{5^2 + 6^2 - 7^2}{2 \cdot 5 \cdot 6} = \frac{12}{2 \cdot 5 \cdot 6} = \frac{1}{5}$$

答 （エ）1　（オ）5

(4)　点 $(3, 4)$ と直線 $2x + y - 5 = 0$ の距離が半径となれば，直線は円と接する。

よって，点 $(x_1, \ y_1)$ と直線 $ax + by + c = 0$ の距離 d は

$$d = \frac{|ax_1 + by_1 + c|}{\sqrt{a^2 + b^2}}$$

を用いて

$$d = \frac{|2 \cdot 3 + 1 \cdot 4 - 5|}{\sqrt{2^2 + 1^2}} = \frac{5}{\sqrt{5}} = \sqrt{5} \quad \text{となる。}$$

中心が点 $(3, 4)$，半径が $\sqrt{5}$ の円が求める円であり，方程式は

$$(x-3)^2 + (y-4)^2 = (\sqrt{5})^2$$

展開して　　$x^2 + y^2 - 6x - 8y + 20 = 0$

答 （カ）6　（キ）8　（ク）2　（ケ）0

(5) $\sqrt{x^2+5x+1}-x=\dfrac{\sqrt{x^2+5x+1}-x}{1}$ と考えて，分子を有理化する。

$$与式=\lim_{x\to\infty}\frac{\sqrt{x^2+5x+1}-x}{1}=\lim_{x\to\infty}\frac{(\sqrt{x^2+5x+1}-x)(\sqrt{x^2+5x+1}+x)}{\sqrt{x^2+5x+1}+x}$$

$$=\lim_{x\to\infty}\frac{(x^2+5x+1)-x^2}{\sqrt{x^2+5x+1}+x}=\lim_{x\to\infty}\frac{5x+1}{\sqrt{x^2+5x+1}+x}$$

$$=\lim_{x\to\infty}\frac{5+\dfrac{1}{x}}{\sqrt{1+\dfrac{5}{x}+\dfrac{1}{x^2}}+1}=\frac{5+0}{\sqrt{1+0+0}+1}=\frac{5}{2}$$

答 （コ）5　（サ）2

(6) $\dfrac{5+5i}{a+bi}=3-i$ の両辺に $\dfrac{a+bi}{3-i}$ をかけると，$\dfrac{5+5i}{3-i}=a+bi$ となる。

$$\frac{5+5i}{3-i}=\frac{(5+5i)(3+i)}{(3-i)(3+i)}=\frac{15+5i+15i+5i^2}{9+1}=\frac{10+20i}{10}=1+2i$$

であるから，$1+2i=a+bi$ である。

$a,\ b$ は実数であるから，$a=\mathbf{1},\ b=\mathbf{2}$ である。

答 （シ）1　（ス）2

(7) ド・モアブルの定理 $\{r(\cos\theta+i\sin\theta)\}^n=r^n(\cos n\theta+i\sin n\theta)$ より，

$$\left\{\sqrt{2}\left(\cos\frac{\pi}{8}+i\sin\frac{\pi}{8}\right)\right\}^4=(\sqrt{2})^4\left\{\cos\left(\frac{\pi}{8}\times4\right)+i\sin\left(\frac{\pi}{8}\times4\right)\right\}$$

$$=4\left(\cos\frac{\pi}{2}+i\sin\frac{\pi}{2}\right)=4\cdot(0+i)=4i$$

答 （セ）4

(8) 双曲線 $\dfrac{x^2}{a^2}-\dfrac{y^2}{b^2}=1$ の焦点は，$(\sqrt{a^2+b^2},\ 0),\ (-\sqrt{a^2+b^2},\ 0)$ であるので，

双曲線 $\dfrac{x^2}{3}-\dfrac{y^2}{4}=1$ のとき，$\sqrt{3+4}=\sqrt{7}$ より

2つの焦点の座標は $(\sqrt{7},\ 0),\ (-\sqrt{7},\ 0)$ となるので，選択肢の④である。

答 （ソ）④

2 次の各問いに答えなさい。

(1) $11010_{(2)} - 1101_{(2)}$ の答えを10進法で表すと **アイ** である。ただし，$11010_{(2)}$，$1101_{(2)}$ は2進法で表された数である。

(2) A高校の陸上部20人とB高校の陸上部30人について，50m走のタイムを調査し，そのデータを右のような箱ひげ図に表した。次の①～④のうち，これらの箱ひげ図から読みとれることとして正しいものは **ウ** である。 **ウ** に最も適するものを下の選択肢から選び，番号で答えなさい。

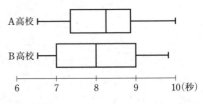

――〈選択肢〉――
① A高校の陸上部のタイムの中央値は，B高校の陸上部のタイムの中央値より小さい。
② A高校の陸上部のタイムの四分位偏差は，B高校の陸上部のタイムの四分位偏差より大きい。
③ B高校の陸上部で50m走のタイムが8秒以下の生徒の数は，A高校の陸上部で50m走のタイムが8秒以下の生徒の数より多い。
④ A高校の陸上部で50m走のタイムが7秒以下の生徒の数は5人より多い。

(3) 1次不定方程式
$$12x - 7y = 1$$
の整数解のうち，$x + y$ が80に最も近い値となるのは，$x + y =$ **エオ** のときである。

解 答

(1) n を2以上の整数とすると，n 進法で $a_k a_{k-1} \cdots a_2 a_1 a_0$ と表された数は，$k+1$桁の正の整数であり，
$$a_k \cdot n^k + a_{k-1} \cdot n^{k-1} + \cdots\cdots + a_2 \cdot n^2 + a_1 \cdot n^1 + a_0 \cdot n^0 \quad \text{の形で書くことができる。}$$
$$(a_0,\ a_1,\ a_2,\ \cdots,\ a_{k-1},\ a_k \text{ は，0以上 } n-1 \text{ 以下の整数})$$
よって， $11010_{(2)} = 1 \times 2^4 + 1 \times 2^3 + 0 \times 2^2 + 1 \times 2^1 + 0 \times 2^0 = 16 + 8 + 0 + 2 + 0 = 26$
$1101_{(2)} = 1 \times 2^3 + 1 \times 2^2 + 0 \times 2^1 + 1 \times 2^0 = 8 + 4 + 0 + 1 = 13$
となるので， $11010_{(2)} - 1101_{(2)} = 26 - 13 = \mathbf{13}$

答（ア）**1**　（イ）**3**

(2) ① A高校の陸上部のタイムの中央値は8秒以上であるが，B高校の陸上部のタイムの中央値は8.0秒なので，A高校の陸上部のタイムの中央値の方が大きいので不適である。

② 四分位偏差は $\dfrac{Q_3 - Q_1}{2}$ であるから，B高校
の陸上部の四分位偏差の方がA高校の陸上
部の四分位偏差より大きい。よって不適であ
る。

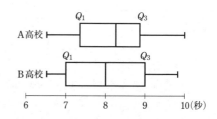

③ B高校の陸上部で50m走のタイムが8秒以下は15人である。一方A高校の陸上部で50m
走のタイムが8秒以下の生徒は10人以下である。よって正しい。

④ この箱ひげ図では，A高校の陸上部で50m走のタイムが7秒以下は5人より少ないので不
適である。

よって，最も適しているのは選択肢の③である。

答（ウ）③

(3) $12x - 7y = 1$　……①　とおく。

①に　$x = 3$　を代入すると　$y = 5$

よって　$x = 3$, $y = 5$　は①の整数解の1つである。

ゆえに　　　　$12 \cdot 3 - 7 \cdot 5 = 1$　……②

①－②より　　　　$12(x - 3) - 7(y - 5) = 0$

　　　　　　　　　　$12(x - 3) = 7(y - 5)$　……③

12と7は互いに素であるから，$x - 3$ は7の倍数になる。

よって　　　$x - 3 = 7n$　（n は整数）　とおくと，

　　　　　　　　$x = 7n + 3$

これを③に代入して，　　　$y = 12n + 5$

したがって，①のすべての整数解は

$$\begin{cases} x = 7n + 3 \\ y = 12n + 5 \end{cases} \quad (n \text{ は整数})$$

となる。

ゆえに，　$x + y = (7n + 3) + (12n + 5) = 19n + 8$

これが80に近いのは，$n = 3$ のとき $x + y = 65$，$n = 4$ のとき $x + y = 84$　である。

よって，$x + y = \mathbf{84}$ のとき，$x + y$ が80に最も近い値となる。

答（エ）8　（オ）4

3 Aは，数字3，5，7，9が1つずつ書かれた4枚のカードから無作為に1枚のカードを引き，その数をAの得点とする。Bは，数字0，2，4，6，8が1つずつ書かれた5枚のカードから無作為に異なる2枚を引き，その2数の和をBの得点とする。A，Bが同時にカードを引き，得点の大きい方を勝ちとするとき，次の問いに答えなさい。

(1) A，B2人のカードの引き方について，起こりうる場合は全部で $\boxed{\text{ア}\ \text{イ}}$ 通りある。

(2) Bが勝つ確率は $\dfrac{\boxed{\text{ウ}\ \text{エ}}}{\boxed{\text{ア}\ \text{イ}}}$ である。

(3) Aが勝ったときに，Aが9のカードを引いている条件付き確率は

$$\dfrac{\boxed{\text{オ}}}{\boxed{\text{カ}\ \text{キ}}}$$

である。

解 答

(1) Aは4枚のカードから1枚のカードを引くので，$_4C_1 = 4$（通り）

　　Bは5枚のカードから2枚のカードを引くので，$_5C_2 = \dfrac{5 \cdot 4}{2 \cdot 1} = 10$（通り）

　　Aの1つに対してBは10通りあるので，積の法則により

　　　　$4 \times 10 = \mathbf{40}$（通り）

答（ア）**4**　（イ）**0**

(2) Bが勝つ場合を，Aが勝つ場合の余事象として考える。

　　Aが勝つのは，

　　　　A＝3のとき　Bは(0，2)　　　　　　　　　　　　　　　　　　　1通り

　　　　A＝5のとき　Bは(0，2)，(0，4)　　　　　　　　　　　　　　2通り

　　　　A＝7のとき　Bは(0，2)，(0，4)，(0，6)，(2，4)　　　　　　4通り

　　　　A＝9のとき　Bは(0，2)，(0，4)，(0，6)，(0，8)，(2，4)，(2，6)　6通り

　　で，1＋2＋4＋6＝13（通り）ある。

　　Aが勝つ確率 $P(A)$ は，　$P(A) = \dfrac{13}{40}$

　　Bが勝つ確率を $P(B)$ とすると，余事象を用いて

　　　　$P(B) = 1 - P(A) = 1 - \dfrac{13}{40} = \dfrac{\mathbf{27}}{\mathbf{40}}$

答（ウ）**2**　（エ）**7**

(3) Aが勝つ確率は　$P(A) = \dfrac{13}{40}$

　　Aが勝って9である確率を $P(A \cap C)$ とすれば，(2)より $P(A \cap C) = \dfrac{6}{40}$ であるから，Aが勝ったときに，Aが9のカードを引いている条件付き確率 $P_A(C)$ は

$$P_A(C) = \dfrac{P(A \cap C)}{P(A)} = \dfrac{\dfrac{6}{40}}{\dfrac{13}{40}} = \dfrac{\mathbf{6}}{\mathbf{13}}$$

答（オ）**6**　（カ）**1**　（キ）**3**

4 次の各問いに答えなさい。

(1) 3次関数 $y=\dfrac{1}{3}x^3-x^2-3x$ について

極大値は $\dfrac{\boxed{\text{ア}}}{\boxed{\text{イ}}}$, 極小値は $\boxed{\text{ウ}\ \text{エ}}$

である。

(2) 右の図のように関数

$y=-x^2+10 \quad (0\leqq x\leqq\sqrt{10})$ ……①

のグラフ上に点Pがあり，Pから x 軸，y 軸にそれぞれ垂線PA，PBを下ろす。Pの x 座標を a とし，①のグラフと y 軸および線分BPで囲まれた斜線部分の面積を $S(a)$ とするとき

$S(2)=\dfrac{\boxed{\text{オ}\ \text{カ}}}{\boxed{\text{キ}}}$

である。また，$S(a)$ が四角形 OAPB の面積と等しいとき，

$a=\sqrt{\boxed{\quad\text{ク}\quad}}$ である。ただし，O は原点とし，$0<a<\sqrt{10}$ であるものとする。

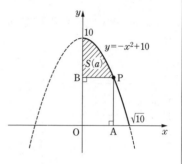

解 答

(1) 与式を微分して，

$$y'=x^2-2x-3=(x-3)(x+1)$$

$y'=0$ となるのは，$x=-1,\ 3$

y の増減は右のようになる。

$y=f(x)$ とすると，$x=-1$ のとき

$$f(-1)=\frac{1}{3}\cdot(-1)^3-(-1)^2-3\cdot(-1)=-\frac{1}{3}-1+3=\frac{5}{3} \qquad 極大値\frac{5}{3}$$

$x=3$ のとき

$$f(3)=\frac{1}{3}\cdot(3)^3-(3)^2-3\cdot3=9-9-9=-9 \qquad 極小値-9$$

x		-1		3	
y'	$+$	0	$-$	0	$+$
y	↗	$\dfrac{5}{3}$	↘	-9	↗
		極大		極小	

答（ア）**5**　（イ）**3**　（ウ）**−**　（エ）**9**

(2) $S(2)$ を求めるので，$a=2$ とすると，A(2, 0)

$y=-x^2+10$ に $x=2$ を代入して，$y=6$　なので，B(0, 6)

よって，$S(2)=\displaystyle\int_0^2\{(-x^2+10)-6\}dx$

$\qquad\qquad =\displaystyle\int_0^2(-x^2+4)dx=\left[-\frac{x^3}{3}+4x\right]_0^2$

$\qquad\qquad =-\dfrac{8}{3}+8-0=\dfrac{\mathbf{16}}{\mathbf{3}}$

同様にして，$x=a$ のとき，B(0, $-a^2+10$)　であるから

$S(a)=\displaystyle\int_0^a\{(-x^2+10)-(-a^2+10)\}dx$

$\qquad\quad =\displaystyle\int_0^a(-x^2+a^2)dx=\left[-\frac{x^3}{3}+a^2x\right]_0^a=-\frac{a^3}{3}+a^3-0=\frac{2}{3}a^3$

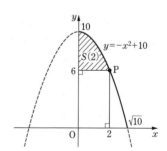

四角形 OAPB の面積は，底辺 a，高さ $-a^2+10$ であるから

$$S = a(-a^2+10) = -a^3+10a$$

$S(a) = S$ より

$$\frac{2}{3}a^3 = -a^3+10a$$

$$\frac{5}{3}a^3 - 10a = 0$$

$$a\left(\frac{5}{3}a^2 - 10\right) = 0 \quad \text{より} \quad a=0, \quad a=\pm\sqrt{6}$$

$0 < a < \sqrt{10}$ であるので，$a=\sqrt{6}$

答 （オ）1 （カ）6 （キ）3 （ク）6

---

5 次の各問いに答えなさい。

(1) $\sqrt[9]{27} \times \dfrac{1}{\sqrt[3]{81}} = \dfrac{\boxed{\text{ア}}}{\boxed{\text{イ}}}$ である。

(2) 4^{25} は $\boxed{\text{ウ}\,\text{エ}}$ 桁の整数である。ただし，$\log_{10}2 = 0.3010$ とする。

(3) $1 \leqq x \leqq 7$ のとき，関数

$$y = (\log_2 x)^2 - \log_2 x^4$$

の最小値は $\boxed{\text{オ}\,\text{カ}}$，最大値は $\boxed{\text{キ}}$ である。

解 答

(1) $\sqrt[9]{27} \times \dfrac{1}{\sqrt[3]{81}} = \sqrt[9]{3^3} \times \dfrac{1}{\sqrt[3]{3^4}} = 3^{\frac{3}{9}} \times \dfrac{1}{3^{\frac{4}{3}}} = 3^{\frac{1}{3}} \times 3^{-\frac{4}{3}} = 3^{\frac{1}{3}-\frac{4}{3}} = 3^{-1} = \dfrac{1}{3}$

答 （ア）1 （イ）3

(2) 常用対数をとると

$$\log_{10}4^{25} = 25\log_{10}4 = 25\log_{10}2^2 = 50\log_{10}2$$

ここで $\log_{10}2 = 0.3010$ より $50\log_{10}2 = 50 \times 0.3010 = 15.05$

ゆえに $15 < \log_{10}4^{25} < 16$ よって $10^{15} < 4^{25} < 10^{16}$

したがって，4^{25} は **16** 桁の整数である。

答 （ウ）1 （エ）6

(3) $1 \leqq x \leqq 7$ のとき，$\log_2 x = t$ とおくと，底は2で1より大きいので

$$\log_2 1 \leqq t \leqq \log_2 7 \quad \text{すなわち} \quad 0 \leqq t \leqq \log_2 7 \quad \cdots\cdots ①$$

また，$2 < \log_2 7 < 3$ である。

$y = (\log_2 x)^2 - \log_2 x^4$ を t で表すと，$\log_2 x^4 = 4\log_2 x$ なので

$$y = t^2 - 4t = (t-2)^2 - 4$$

となり，グラフは右図のようになる。

①の範囲において $-4 \leqq y \leqq 0$

$t=2$ すなわち $x=4$ のとき 最小値 -4

$t=0$ すなわち $x=1$ のとき 最大値 0

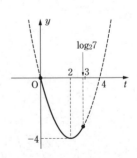

答 （オ）− （カ）4 （キ）0

— 102 —

$\boxed{6}$ 次の各問いに答えなさい。

(1) $0 \leqq x \leqq \dfrac{\pi}{2}$ で，$\sin x = \dfrac{1}{3}$ のとき

$$\cos\left(x + \dfrac{\pi}{4}\right) = \dfrac{\boxed{\ \mathcal{P}\ } - \sqrt{\boxed{\ \mathcal{イ}\ }}}{6}$$

である。

(2) $0 \leqq x \leqq \pi$ のとき，関数

$$y = \sin x + \cos x$$

の最大値は $\sqrt{\boxed{\ \mathcal{ウ}\ }}$，最小値は $\boxed{\ \mathcal{エ}\ \mathcal{オ}\ }$ である。

(3) $0 \leqq x < 2\pi$ のとき，不等式 $\sin 2x - \sin x > 0$ を満たす x の値の範囲は

$$0 < x < \boxed{\ \mathcal{カ}\ }, \quad \boxed{\ \mathcal{キ}\ } < x < \boxed{\ \mathcal{ク}\ }$$

である。$\boxed{\ \mathcal{カ}\ }$，$\boxed{\ \mathcal{キ}\ }$，$\boxed{\ \mathcal{ク}\ }$ に最も適するものを下の選択肢から選び，番号で答えなさい。

〈選択肢〉
① $\dfrac{\pi}{6}$ ② $\dfrac{\pi}{3}$ ③ $\dfrac{\pi}{2}$ ④ $\dfrac{2}{3}\pi$

⑤ π ⑥ $\dfrac{4}{3}\pi$ ⑦ $\dfrac{5}{3}\pi$ ⑧ $\dfrac{11}{6}\pi$ ⑨ 2π

〔解 答〕

(1) $0 \leqq x \leqq \dfrac{\pi}{2}$ で，$\sin x = \dfrac{1}{3}$ より

$$\cos x = \sqrt{1 - \sin^2 x} = \sqrt{1 - \left(\dfrac{1}{3}\right)^2} = \sqrt{\dfrac{8}{9}} = \dfrac{2\sqrt{2}}{3}$$

三角関数の加法定理より

$$\cos\left(x + \dfrac{\pi}{4}\right) = \cos x \cos\dfrac{\pi}{4} - \sin x \sin\dfrac{\pi}{4} = \dfrac{2\sqrt{2}}{3} \cdot \dfrac{1}{\sqrt{2}} - \dfrac{1}{3} \cdot \dfrac{1}{\sqrt{2}}$$

$$= \dfrac{2}{3} - \dfrac{\sqrt{2}}{6} = \dfrac{4 - \sqrt{2}}{6}$$

答（ア）4 （イ）2

— 103 —

(2) 三角関数の合成を利用する。

$$y = \sin x + \cos x = \sqrt{2}\sin\left(x + \frac{\pi}{4}\right)$$

$0 \leqq x \leqq \pi$ であるから　　$\dfrac{\pi}{4} \leqq x + \dfrac{\pi}{4} \leqq \dfrac{5}{4}\pi$

よって右下の図より　　$-\dfrac{\sqrt{2}}{2} \leqq \sin\left(x + \dfrac{\pi}{4}\right) \leqq 1$

すなわち　　$-1 \leqq \sqrt{2}\sin\left(x + \dfrac{\pi}{4}\right) \leqq \sqrt{2}$

$x + \dfrac{\pi}{4} = \dfrac{1}{2}\pi$　より　$x = \dfrac{\pi}{4}$ のとき最大値 $\sqrt{2}$

$x + \dfrac{\pi}{4} = \dfrac{5}{4}\pi$　より　$x = \pi$ のとき最小値 -1

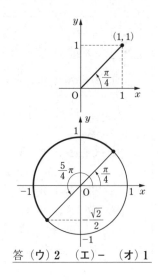

答 **(ウ) 2　(エ) −　(オ) 1**

【参考】 三角関数の合成

$$a\sin\theta + b\cos\theta = \sqrt{a^2 + b^2}\sin(\theta + \alpha)$$

$$\left(ただし,\ \ \sin\alpha = \frac{b}{\sqrt{a^2 + b^2}},\ \ \cos\alpha = \frac{a}{\sqrt{a^2 + b^2}}\right)$$

(3) 2倍角の公式より，$\sin 2x = 2\sin x\cos x$　であるので，

与式 $= 2\sin x\cos x - \sin x > 0$

$\sin x(2\cos x - 1) > 0$

これを満たすのは次の2つの場合である。

(i) $\sin x > 0$　かつ　$2\cos x - 1 > 0$　の場合

すなわち　$\sin x > 0$　かつ　$\cos x > \dfrac{1}{2}$

$0 \leqq x < 2\pi$ では，

$\sin x > 0$ のとき　$0 < x < \pi$

$\cos x > \dfrac{1}{2}$ のとき　$0 < x < \dfrac{\pi}{3}$,　$\dfrac{5}{3}\pi < x < 2\pi$

共通範囲を求めると，右図のように　$0 < x < \dfrac{\pi}{3}$

したがって，選択肢の ② である。

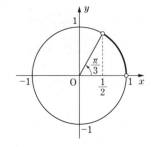

(ii) $\sin x < 0$　かつ　$2\cos x - 1 < 0$　の場合

すなわち　$\sin x < 0$　かつ　$\cos x < \dfrac{1}{2}$

$0 \leqq x < 2\pi$ では，

$\sin x < 0$ のとき　$\pi < x < 2\pi$

$\cos x < \dfrac{1}{2}$ のとき　$\dfrac{\pi}{3} < x < \dfrac{5}{3}\pi$

共通範囲を求めると，右図のように　$\pi < x < \dfrac{5}{3}\pi$

したがって，選択肢の ⑤ と ⑦ である。

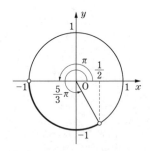

答 **(カ) ②　(キ) ⑤　(ク) ⑦**

7

次の各問いに答えなさい。

(1) $\vec{a}=(2,\ 3)$, $\vec{b}=(-1,\ 7)$ のとき
$$|\vec{a}-\vec{b}|=\boxed{\ \mathbf{ア}\ }$$
である。

(2) $|\vec{p}|=\sqrt{3}$, $|\vec{q}|=3$, $(\vec{p}+2\vec{q})\perp(2\vec{p}-\vec{q})$
を満たす $\vec{p}$, $\vec{q}$ について,
$$\vec{p}\cdot\vec{q}=\boxed{\ \mathbf{イ}\ }$$
である。

(3) △ABC の外部の点 P が
$$\overrightarrow{PA}-2\overrightarrow{PB}-4\overrightarrow{PC}=\vec{0}$$
を満たすとする。△ABC の面積を S_1, △PBC の面積を S_2
とするとき,
$$\overrightarrow{AP}=\dfrac{\boxed{\ \mathbf{ウ}\ }}{\boxed{\ \mathbf{エ}\ }}\overrightarrow{AB}+\dfrac{\boxed{\ \mathbf{オ}\ }}{\boxed{\ \mathbf{カ}\ }}\overrightarrow{AC}$$
であり,
$$\dfrac{S_2}{S_1}=\dfrac{\boxed{\ \mathbf{キ}\ }}{\boxed{\ \mathbf{ク}\ }}$$
である。

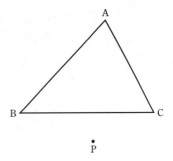

解 答

(1) $\vec{a}-\vec{b}=(2,\ 3)-(-1,\ 7)=(3,\ -4)$

$\vec{n}=(n_1,\ n_2)$ のとき, $|\vec{n}|=\sqrt{n_1{}^2+n_2{}^2}$ なので,
$$|\vec{a}-\vec{b}|=\sqrt{3^2+(-4)^2}=\sqrt{25}=\mathbf{5}$$

答 (ア) **5**

【別解】 $\vec{a}-\vec{b}=(3,\ -4)$

$\vec{a}$ と $\vec{b}$ の大きさは, それぞれ, $|\vec{a}|=\sqrt{2^2+3^2}=\sqrt{13}$, $|\vec{b}|=\sqrt{(-1)^2+7^2}=\sqrt{50}=5\sqrt{2}$

$\vec{a}$ と $\vec{b}$ の内積は $\vec{a}\cdot\vec{b}=2\cdot(-1)+3\cdot7=19$

よって $|\vec{a}-\vec{b}|^2=(\vec{a}-\vec{b})\cdot(\vec{a}-\vec{b})=|\vec{a}|^2-2\vec{a}\cdot\vec{b}+|\vec{b}|^2$
$$=(\sqrt{13})^2-2\cdot19+(5\sqrt{2})^2=13-38+50=25$$

よって $|\vec{a}-\vec{b}|=\sqrt{25}=\mathbf{5}$

【参考】 成分表示による内積は, $\vec{a}=(a_1,\ a_2)$, $\vec{b}(b_1,\ b_2)$ とすると, $\vec{a}\cdot\vec{b}=a_1b_1+a_2b_2$

(2) $(\vec{p}+2\vec{q})\perp(2\vec{p}-\vec{q})$ であるから, $\vec{p}+2\vec{q}$ と $2\vec{p}-\vec{q}$ の内積は0となる。
$$(\vec{p}+2\vec{q})\cdot(2\vec{p}-\vec{q})=2|\vec{p}|^2-\vec{p}\cdot\vec{q}+4\vec{p}\cdot\vec{q}-2|\vec{q}|^2$$
$$=2|\vec{p}|^2+3\vec{p}\cdot\vec{q}-2|\vec{q}|^2=0$$

$|\vec{p}|=\sqrt{3}$, $|\vec{q}|=3$ を代入して
$$2\cdot(\sqrt{3})^2+3\vec{p}\cdot\vec{q}-2\cdot3^2=0$$

よって $3\vec{p}\cdot\vec{q}=12$ ゆえに $\vec{p}\cdot\vec{q}=\mathbf{4}$

答 (イ) **4**

(3) $\overrightarrow{PA} - 2\overrightarrow{PB} - 4\overrightarrow{PC} = \vec{0}$ の式のベクトルを，A を始点として変形
すると，
$$-\overrightarrow{AP} - 2(\overrightarrow{AB} - \overrightarrow{AP}) - 4(\overrightarrow{AC} - \overrightarrow{AP}) = \vec{0}$$
整理すると
$$5\overrightarrow{AP} = 2\overrightarrow{AB} + 4\overrightarrow{AC}$$
求める式は
$$\overrightarrow{AP} = \frac{2}{5}\overrightarrow{AB} + \frac{4}{5}\overrightarrow{AC}$$
次に，式を変形すると
$$\overrightarrow{AP} = \frac{6}{5} \cdot \frac{2\overrightarrow{AB} + 4\overrightarrow{AC}}{6}$$
$$= \frac{6}{5} \cdot \frac{\overrightarrow{AB} + 2\overrightarrow{AC}}{3} \quad \text{となる。}$$

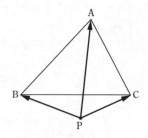

求めた値より図は右のようになり，BC を 2 : 1 に内分する点を
D とすれば，$\overrightarrow{AP} = \frac{6}{5}\overrightarrow{AD}$ となる。すなわち，AD : DP = 5 : 1

よって，$\triangle ABC$ の面積 S_1 と $\triangle PBC$ の面積 S_2 の底辺は共通で
あるので，面積の比は高さの比と等しくなる。 $S_1 : S_2 = 5 : 1$
したがって，$\dfrac{S_2}{S_1} = \dfrac{1}{5}$

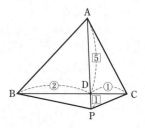

答 （ウ）2 （エ）5 （オ）4 （カ）5 （キ）1 （ク）5

---

8 次の各問いに答えなさい。

(1) 第5項が9，第50項が -21 である等差数列 $\{a_n\}$ について
$$第16項は \frac{\boxed{\text{ア}}}{\boxed{\text{イ}}}$$
であり，初項から第 n 項までの和が最大となるのは
$$n = \boxed{\text{ウ}}\boxed{\text{エ}}$$
のときである。

(2) $b_1 = 1$，$b_{n+1} = b_n + (-2)^n$ $(n = 1, 2, 3, \cdots\cdots)$
によって定められる数列 $\{b_n\}$ について
$$b_n = \frac{\boxed{\text{オ}} - (-2)^n}{\boxed{\text{カ}}}$$
である。

(3) $\displaystyle \lim_{n \to \infty} \sum_{k=1}^{n} \left(\frac{1}{2^k} + \frac{1}{3^k} \right) = \frac{\boxed{\text{キ}}}{\boxed{\text{ク}}}$
である。

解 答

(1) 初項を a，公差を d とすると，等差数列の一般項は $a_n = a + (n-1)d$ と表すことができる。
$a_5 = 9$，$a_{50} = -21$ であるから

$$\begin{cases} a + 4d = 9 & \cdots\cdots① \\ a + 49d = -21 & \cdots\cdots② \end{cases}$$

②−①より，$\quad 45d = -30 \qquad d = -\dfrac{30}{45} = -\dfrac{2}{3} \qquad$ よって，$a = \dfrac{35}{3}$

よって一般項は $\quad a_n = \dfrac{35}{3} + (n-1)\cdot\left(-\dfrac{2}{3}\right) = -\dfrac{2}{3}n + \dfrac{37}{3}$

第16項は $\quad a_{16} = \left(-\dfrac{2}{3}\right)\cdot 16 + \dfrac{37}{3} = -\dfrac{32}{3} + \dfrac{37}{3} = \dfrac{5}{3}$

また，初項から第 n 項までの和が最大となるのは，$a_n > 0$ の範囲の項を加えたときであるから，

$\quad -\dfrac{2}{3}n + \dfrac{37}{3} > 0 \qquad$ より $\qquad \dfrac{37}{2} > n \qquad$ すなわち $\qquad 18.5 > n$

n は自然数であるから，第**18**項までの和は増加し，最大となる。

答 （ア）5　（イ）3　（ウ）1　（エ）8

(2) 与式を変形して $\quad b_{n+1} - b_n = (-2)^n \quad$ より，数列 $\{b_n\}$ の階差数列の第 n 項が $(-2)^n$ であり，階差数列は公比が -2 の等比数列となる。

$\quad n \geqq 2$ のとき $\quad b_1 = 1 \quad$ より

$$\begin{aligned} b_n &= b_1 + \sum_{k=1}^{n-1}(-2)^k = b_1 + \sum_{k=1}^{n-1}(-2)\cdot(-2)^{k-1} \\ &= 1 + \frac{(-2)\cdot\{1-(-2)^{n-1}\}}{1-(-2)} = 1 - \frac{2}{3}\{1-(-2)^{n-1}\} \\ &= \frac{1}{3} + \frac{2}{3}(-2)^{n-1} = \frac{1}{3} - \frac{1}{3}\cdot(-2)\cdot(-2)^{n-1} = \frac{1-(-2)^n}{3} \quad \cdots\cdots① \end{aligned}$$

$n = 1$ のとき $\quad b_1 = \dfrac{1-(-2)^1}{3} = 1 \quad$ であるから，①は $n = 1$ のときにも成り立つ。

答 （オ）1　（カ）3

【**参考**】 階差数列が $a_{n+1} - a_n = f(n) \quad (f(n)$ は n の式$) \quad$ で表されるとき，数列 $\{a_n\}$ の一般項は
$$a_n = a_1 + \sum_{k=1}^{n-1} f(k) \quad (n \geqq 2)$$

(3) 与式 $= \displaystyle\sum_{k=1}^{\infty}\left(\frac{1}{2^k} + \frac{1}{3^k}\right) = \sum_{k=1}^{\infty}\left\{\frac{1}{2}\left(\frac{1}{2}\right)^{k-1} + \frac{1}{3}\left(\frac{1}{3}\right)^{k-1}\right\}$

ここで $\displaystyle\sum_{k=1}^{\infty}\frac{1}{2}\left(\frac{1}{2}\right)^{k-1}$ は，初項 $\dfrac{1}{2}$，公比 $\dfrac{1}{2}$ の無限等比級数で，公比が $-1 < \dfrac{1}{2} < 1$ なので収束する。

また，$\displaystyle\sum_{k=1}^{\infty}\frac{1}{3}\left(\frac{1}{3}\right)^{k-1}$ は，初項 $\dfrac{1}{3}$，公比 $\dfrac{1}{3}$ の無限等比級数で，公比が $-1 < \dfrac{1}{3} < 1$ なので収束する。

したがって，与式 $= \dfrac{\frac{1}{2}}{1-\frac{1}{2}} + \dfrac{\frac{1}{3}}{1-\frac{1}{3}} = 1 + \dfrac{1}{2} = \dfrac{3}{2}$

答 （キ）3　（ク）2

【**参考**】 無限等比級数 $a + ar + ar^2 + \cdots + ar^{n-1} + \cdots$ は，

〔i〕 $a \neq 0$ のとき $|r| < 1$ ならば収束し，その和は $\dfrac{a}{1-r}$

$\qquad\qquad |r| \geqq 1$ ならば発散する。

〔ii〕 $a = 0$ のとき収束し，その和は 0

数学　9月実施　理系　　正解と配点　　（70分，100点満点）

問題番号	設問	正解	配点
1	(1)	ア 8	3
		イ 3	
	(2)	ウ 7	3
	(3)	エ 1	3
		オ 5	
	(4)	カ 6	3
		キ 8	
		ク 2	
		ケ 0	
	(5)	コ 5	4
		サ 2	
	(6)	シ 1	4
		ス 2	
	(7)	セ 4	4
	(8)	ソ ④	4
2	(1)	ア 1	3
		イ 3	
	(2)	ウ ③	3
	(3)	エ 8	4
		オ 4	
3	(1)	ア 4	3
		イ 0	
	(2)	ウ 2	3
		エ 7	
	(3)	オ 6	4
		カ 1	
		キ 3	
4	(1)	ア 5	2
		イ 3	
		ウ －	2
		エ 9	
	(2)	オ 1	3
		カ 6	
		キ 3	
		ク 6	4

問題番号	設問	正解	配点
5	(1)	ア 1	3
		イ 3	
	(2)	ウ 1	3
		エ 6	
	(3)	オ －	2
		カ 4	
		キ 0	2
6	(1)	ア 4	3
		イ 2	
	(2)	ウ 2	2
		エ －	2
		オ 1	
	(3)	カ ②	3
		キ ⑤	
		ク ⑦	
7	(1)	ア 5	3
	(2)	イ 4	3
	(3)	ウ 2	2
		エ 5	
		オ 4	
		カ 5	
		キ 1	2
		ク 5	
8	(1)	ア 5	2
		イ 3	
		ウ 1	2
		エ 8	
	(2)	オ 1	3
		カ 3	
	(3)	キ 3	4
		ク 2	

平成31・令和元年度

基礎学力到達度テスト 問題と詳解

平成31年度　数学　4月実施

1

次の各問いに答えなさい。

(1) 整式 $x^3 - 3x^2 + 4x - 7$ を $x-1$ で割ったときの

商は $x^2 - \boxed{\text{ア}}\, x + \boxed{\text{イ}}$

余りは $\boxed{\text{ウ}\text{エ}}$

である。

(2) i を虚数単位とするとき

$$\frac{i}{\sqrt{6}+2i} - \frac{i}{\sqrt{6}-2i} = \frac{\boxed{\text{オ}}}{\boxed{\text{カ}}}$$

である。

(3) $\sin\dfrac{7}{6}\pi = \dfrac{\boxed{\text{キ}\text{ク}}}{\boxed{\text{ケ}}}$

である。

(4) 空間のベクトル $\vec{a} = (-4,\ 0,\ 5),\ \vec{b} = (1,\ -2,\ 2)$ について

$\vec{a}\cdot\vec{b} = \boxed{\text{コ}}$

である。

2

2つの円 $C_1 : x^2 + y^2 = 2$

$C_2 : x^2 + y^2 - 8x + 6y + 17 = 0$

について，次の問いに答えなさい。

(1) 円 C_2 の

中心の座標は $(\boxed{\text{ア}},\ \boxed{\text{イ}\text{ウ}})$，半径は $\boxed{\text{エ}}\sqrt{\boxed{\text{オ}}}$

である。

(2) 直線 $x - y + k = 0$ が円 C_2 と接するとき

$k = \boxed{\text{カ}\text{キ}},\ \boxed{\text{ク}\text{ケ}\text{コ}}$

である。

(3) 円 C_1 上を動く点 P，円 C_2 上を動く点 Q について，線分 PQ の長さの最小値は

$\boxed{\text{サ}} - \boxed{\text{シ}}\sqrt{\boxed{\text{ス}}}$

である。

3 等差数列 $\{a_n\}$ において，第4項が 11，第10項が 23 であるとき，次の問いに答えなさい。

(1) $\{a_n\}$ の一般項は

$$a_n = \boxed{\ \ \text{ア}\ \ }\, n + \boxed{\ \ \text{イ}\ \ }$$

である。

(2) 数列 $\{a_n\}$ の初項から第 n 項までの和を S_n とおくと

$$S_n = n^2 + \boxed{\ \ \text{ウ}\ \ }\, n$$

である。

(3) $\displaystyle\sum_{k=1}^{10} \frac{1}{a_k \cdot a_{k+1}} = \dfrac{\boxed{\ \ \text{エ}\ \ }}{\boxed{\text{オ}\,|\,\text{カ}}}$

である。

4 次の各問いに答えなさい。

(1) $(\sqrt[3]{64})^{-1} = \dfrac{\boxed{\ \ \text{ア}\ \ }}{\boxed{\ \ \text{イ}\ \ }}$ である。

(2) $\log_3 24 - 3\log_3 6 = \boxed{\text{ウ}\,|\,\text{エ}}$ である。

(3) 不等式 $\log_2(x-1) + \log_2 x < 1$ の解は

$$\boxed{\ \ \text{オ}\ \ }$$

である。

$\boxed{\ \ \text{オ}\ \ }$ に適するものを下の選択肢の中から選び，番号で答えなさい。

〈選択肢〉

① $0 < x < 2$ ② $-1 < x < 2$ ③ $1 < x < 2$

④ $-2 < x < 1$ ⑤ $-1 < x$ ⑥ $1 < x$

⑦ $-2 < x$ ⑧ $0 < x$ ⑨ 解なし

5

次の各問いに答えなさい。

(1) 関数 $f(x) = x^3 + 6x^2 + 9x + k$ が極小値5をとるとき

$$k = \boxed{\text{ア}}$$

である。

(2) 右の図のように，放物線 $y = x^2 - 4x + 1$ ……① 上に点Pがあり，Pの x 座標は3である。

(ⅰ) 点Pにおける放物線①の接線の傾きは $\boxed{\text{イ}}$ であり，その方程式は

$$y = \boxed{\text{イ}}\, x - \boxed{\text{ウ}} \quad \cdots\cdots ②$$

である。

(ⅱ) 放物線①と接線②と y 軸で囲まれる図形の面積は $\boxed{\text{エ}}$

である。

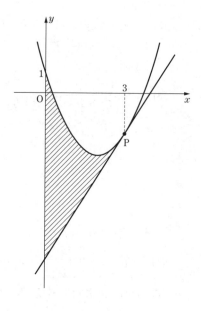

6

次の各問いに答えなさい。

(1) $0 < x < \dfrac{\pi}{2}$ において，$\sin x = \dfrac{3}{5}$ であるとき

$$\cos x = \frac{\boxed{\text{ア}}}{\boxed{\text{イ}}}, \quad \sin\left(x + \frac{\pi}{4}\right) = \frac{\boxed{\text{ウ}}\sqrt{\boxed{\text{エ}}}}{\boxed{\text{オ}|\text{カ}}}$$

である。

(2) 関数 $y = \cos 2x + 4\sin x$ について

(ⅰ) $\sin x = t$ とおくと

$$y = -\boxed{\text{キ}}\, t^2 + 4t + \boxed{\text{ク}}$$

と表される。

(ⅱ) $0 \leqq x < 2\pi$ のとき，y の

最大値は $\boxed{\text{ケ}}$

最小値は $\boxed{\text{コ}|\text{サ}}$

である。

7 次の各問いに答えなさい。

(1) $\vec{a}=(-1,\ 3),\ \vec{b}=(2,\ 4)$ のとき

(i) $4\vec{a}+3\vec{b}=(\boxed{\ \mathcal{ア}\ },\ \boxed{\ \mathcal{イ}\ \mathcal{ウ}\ })$ である。

(ii) $|\vec{a}|=\sqrt{\boxed{\ \mathcal{エ}\ \mathcal{オ}\ }}$ である。

(iii) $\vec{a}$ と $\vec{b}$ のなす角を θ とすると

$$\theta=\frac{\pi}{\boxed{\ \mathcal{カ}\ }}$$

である。ただし，$0\leqq\theta\leqq\pi$ とする。

(2) 右の図のように，AD∥BC，2AD=BC である台形 ABCD がある。$\overrightarrow{AB}=\vec{b}$，$\overrightarrow{AD}=\vec{d}$ とするとき

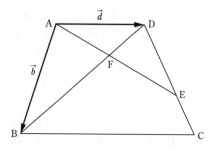

(i) $\overrightarrow{AC}=\vec{b}+\boxed{\ \mathcal{キ}\ }\vec{d}$ である。

(ii) 辺 CD を $1:2$ に内分する点を E とすると

$$\overrightarrow{AE}=\frac{\boxed{\ \mathcal{ク}\ }}{\boxed{\ \mathcal{ケ}\ }}\vec{b}+\frac{\boxed{\ \mathcal{コ}\ }}{\boxed{\ \mathcal{サ}\ }}\vec{d}$$

であり，線分 BD と線分 AE の交点を F とすると

$$BF:FD=\boxed{\ \mathcal{シ}\ }:\boxed{\ \mathcal{ス}\ }$$

である。

1

次の各問いに答えなさい。

(1) $x=5+\sqrt{3}$, $y=5-\sqrt{3}$ のとき
$$xy=\boxed{ア\ イ},\ \ x^2+y^2=\boxed{ウ\ エ}$$
である。

(2) a を自然数として，8個のデータ

6, 4, 3, 5, 7, 2, 6, a

の箱ひげ図が以下のようであるとき，$a=\boxed{\ \ オ\ \ }$ である。

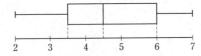

(3) 161 と 299 の最大公約数は $\boxed{カ\ キ}$ である。

(4) 整式 $x^3-8x^2+11x+9$ を整式 $x-6$ で割ると
$$商は\ \ x^2-\boxed{\ ク\ }x-\boxed{\ ケ\ }$$
$$余りは\ \ \boxed{\ コ\ }$$
である。

(5) △ABC において，AB$=6$, BC$=7$, $\cos B=\dfrac{3}{4}$ であるとき
$$CA=\sqrt{\boxed{サ\ シ}}$$
である。

(6) 第2項が1，第9項が-27である等差数列 $\{a_n\}$ について，一般項 a_n は
$$a_n=\boxed{ス\ セ}n+\boxed{\ ソ\ }$$
である。

2 放物線 $y=x^2-6x+7$ ……① について，次の問いに答えなさい。

(1) 放物線①の頂点は，点 ア である。 ア に最も適するものを下の選択肢から選び，番号で答えなさい。

〈選択肢〉
① $(6,\ 7)$　　② $(-6,\ 7)$　　③ $(3,\ -2)$　　④ $(-3,\ 16)$
⑤ $(6,\ 2)$　　⑥ $(-6,\ -2)$　　⑦ $(3,\ 16)$　　⑧ $(-3,\ -2)$

(2) $1\leqq x\leqq 4$ のとき，y の

最大値は イ

最小値は ウエ

である。

(3) 放物線①を x 軸方向に a，y 軸方向に -23 だけ平行移動すると，原点を通る放物線となる。このとき

$a=$ オ

である。ただし，$a>0$ とする。

3 袋の中に赤球3個と白球4個の全部で7個の球が入っている。赤球には2, 4, 6の数字，白球には1, 3, 5, 7の数字が1つずつ書かれている。この袋から同時に2個の球を取り出すとき，次の問いに答えなさい。

(1) 2個の球の取り出し方は全部で

アイ 通り

ある。

(2) 取り出した2個の球の色が異なる確率は

$\dfrac{ウ}{エ}$

である。

(3) 取り出した2個の球に書かれた数字の和が6以上である確率は

$\dfrac{オカ}{キク}$

である。

4　円　$x^2+y^2-2x+6y-15=0$　……①

について，次の問いに答えなさい。

(1) 円①の中心の座標は（ $\boxed{\text{ア}}$, $\boxed{\text{イ}}\boxed{\text{ウ}}$ ）で，半径は $\boxed{\text{エ}}$ である。

(2) 円①と x 軸との交点を A，B とすると，2点 A，B の座標は

$$\text{A}(-\boxed{\text{オ}}, 0),\ \text{B}(\boxed{\text{カ}}, 0)$$

である。

(3) 円①上の点 $\text{P}(4, -7)$ における円①の接線の方程式は

$$\boxed{\text{キ}}\,x-\boxed{\text{ク}}\,y=40$$

である。

5　次の各問いに答えなさい。

(1) $\sin\theta-\sqrt{3}\cos\theta=\boxed{\text{ア}}\sin\left(\theta-\dfrac{\pi}{\boxed{\text{イ}}}\right)$

である。ただし，$0<\dfrac{\pi}{\boxed{\text{イ}}}<\pi$ とする。

(2) $0<\alpha<\dfrac{\pi}{2}$，$0<\beta<\dfrac{\pi}{2}$ のとき，$\sin\alpha=\dfrac{5}{13}$，$\cos\beta=\dfrac{3}{5}$ ならば

$$\cos(\alpha+\beta)=\dfrac{\boxed{\text{ウ}}\boxed{\text{エ}}}{\boxed{\text{オ}}\boxed{\text{カ}}}$$

である。

(3) $0\leqq\theta<2\pi$ のとき，不等式 $2\sin\theta+\sqrt{3}<0$ を満たす θ の値の範囲は

$$\boxed{\text{キ}}<\theta<\boxed{\text{ク}}$$

である。

　$\boxed{\text{キ}}$, $\boxed{\text{ク}}$ に最も適するものをそれぞれ下の選択肢から選び，番号で答えなさい。

〈選択肢〉
① 0　　② $\dfrac{\pi}{3}$　　③ $\dfrac{2}{3}\pi$　　④ $\dfrac{5}{6}\pi$

⑤ $\dfrac{7}{6}\pi$　　⑥ $\dfrac{4}{3}\pi$　　⑦ $\dfrac{5}{3}\pi$　　⑧ 2π

$\boxed{6}$ 次の各問いに答えなさい。

(1) $2^{x-2}=32$ のとき，$x=\boxed{\text{ア}}$ である。

(2) $\log_6 4 + 2\log_6 3 = \boxed{\text{イ}}$ である。

(3) 不等式 $\log_3(4-x)+2<\log_3 3x$ の解は
$$\boxed{\text{ウ}}<x<\boxed{\text{エ}}$$
である。

$\boxed{7}$ 次の各問いに答えなさい。

(1) 3次関数 $y=x^3-12x^2+21x+3$ ……① について

(ⅰ) y は $x=\boxed{\text{ア}}$ のとき，極大値 $\boxed{\text{イ}\,\text{ウ}}$
をとる。

(ⅱ) 関数①のグラフと y 軸との交点を P とする。点 P における①のグラフの接線の方程式は
$$y=\boxed{\text{エ}\,\text{オ}}\,x+3$$
である。

(2) 放物線 $y=x^2-5x+4$ と x 軸，および y 軸で囲まれた右の
2つの斜線部分の面積の和は
$$\frac{\boxed{\text{カ}\,\text{キ}}}{\boxed{\text{ク}}}$$
である。

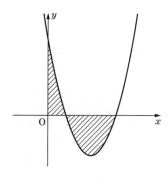

8 次の各問いに答えなさい。

(1) $\vec{a}=(1, -2)$, $\vec{b}=(-5, -3)$ のとき

$$2\vec{a}-\vec{b}=(\boxed{\text{ア}}, \boxed{\text{イ}\,\text{ウ}})$$
$$\vec{a}\cdot\vec{b}=\boxed{\text{エ}}$$

である。

(2) 2つのベクトル $(-4, x)$, $(2, 3-x)$ が平行であるとき

$$x=\boxed{\text{オ}}$$

である。

(3) △ABC において，辺 BC を 2：3 に内分する点を P，辺 AC の中点を Q とし，線分 AP と線分 BQ の交点を R とする。このとき，$\overrightarrow{\text{AR}}$ を $\overrightarrow{\text{AB}}$ と $\overrightarrow{\text{AC}}$ を用いて表すと

$$\overrightarrow{\text{AR}}=\frac{\boxed{\text{カ}}}{\boxed{\text{キ}}}\overrightarrow{\text{AB}}+\frac{\boxed{\text{ク}}}{\boxed{\text{キ}}}\overrightarrow{\text{AC}}$$

である。

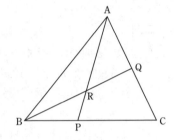

令和元年度　9月実施　理系

1 次の各問いに答えなさい。

(1) 2次関数 $y=x^2+2x-9$ のグラフを x 軸方向に -2，y 軸方向に 4 だけ平行移動したグラフを表す式は
$$y=x^2+\boxed{\text{ア}}x+\boxed{\text{イ}}$$
である。

(2) $x^3=(x-1)^3+a(x-1)^2+b(x-1)+c$ が x についての恒等式であるとき
$$a=\boxed{\text{ウ}}, \quad b=\boxed{\text{エ}}, \quad c=\boxed{\text{オ}}$$
である。

(3) 3辺の長さが $4, 6, 8$ である三角形の3つの角のうち最小のものの大きさを θ とすると
$$\cos\theta=\frac{\boxed{\text{カ}}}{\boxed{\text{キ}}}$$
である。

(4) 円 $x^2+y^2+2x-4y-20=0$ 上の点 $(2, 6)$ における接線の方程式は
$$\boxed{\text{ク}}x+\boxed{\text{ケ}}y=30$$
である。

(5) $\dfrac{17-9i}{2+i}=\boxed{\text{コ}}-\boxed{\text{サ}}\,i$ である。ただし，i は虚数単位とする。

(6) $|\vec{a}|=3$，$|\vec{b}|=2$，$\vec{a}\cdot\vec{b}=1$ のとき，$\vec{a}+\vec{b}$ と $\vec{a}-t\vec{b}$ が垂直になるように実数 t の値を定めると，$t=\boxed{\text{シ}}$ である。

(7) 楕円 $\dfrac{x^2}{4}+\dfrac{y^2}{9}=1$ の2つの焦点の座標は $\boxed{\text{ス}}$ である。$\boxed{\text{ス}}$ に最も適するものを下の選択肢から選び，番号で答えなさい。

〈選択肢〉
① $(\pm\sqrt{5}, 0)$　② $(\pm 5, 0)$　③ $(\pm\sqrt{13}, 0)$　④ $(\pm 13, 0)$
⑤ $(0, \pm\sqrt{5})$　⑥ $(0, \pm 5)$　⑦ $(0, \pm\sqrt{13})$　⑧ $(0, \pm 13)$

(8) $\displaystyle\lim_{x\to 0}\frac{\sqrt{2x+9}-3}{\sqrt{x+4}-2}=\frac{\boxed{\text{セ}}}{\boxed{\text{ソ}}}$ である。

2 次の各問いに答えなさい。

(1) 756 の正の約数は全部で $\boxed{\text{ア}\,\text{イ}}$ 個ある。

(2) ある日の羽田空港の A 便と B 便について，預け入れ荷物の重さを調査し，そのデータを下のような箱ひげ図に表した。また，この日の A 便と B 便の預け入れ荷物の個数はそれぞれ30個と50個であった。下の選択肢のうち，これらの箱ひげ図から読み取れることとして正しいものは $\boxed{\text{ウ}}$ である。$\boxed{\text{ウ}}$ に最も適するものを下の選択肢から選び，番号で答えなさい。

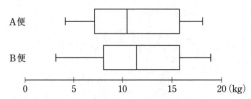

〈選択肢〉

① A 便の預け入れ荷物の重さの中央値は，B 便の預け入れ荷物の重さの中央値より大きい。

② A 便の預け入れ荷物の重さの四分位範囲は，B 便の預け入れ荷物の重さの四分位範囲より小さい。

③ B 便の預け入れ荷物のうち，重さが15kg以上のものは13個以上ある。

④ A 便の預け入れ荷物のうち，重さが10kg以下のものは15個より多い。

(3) 不定方程式

$$3x + 5y = 1$$

の整数解 x, y について，$2x - y$ が40に最も近い値となるのは $2x - y = \boxed{\text{エ}\,\text{オ}}$ のときである。

3 Aは，赤球2個，白球1個が入った袋Pから同時に2個の球を，Bは，赤球1個，白球2個が入った袋Qから同時に2個の球を取り出して勝敗を決めるゲームを行う。2人が取り出した合計4個の球について，赤球と白球の個数が同じ場合はAの勝ち，異なる場合はBの勝ちとする。すべての球は区別できるものとして，次の問いに答えなさい。

(1) A，B2人の球の取り出し方について，起こりうる場合の数は全部で

$$\boxed{\text{ア}} \text{ 通り}$$

あある。

(2) Bが勝つ確率は $\dfrac{\boxed{\text{イ}}}{\boxed{\text{ウ}}}$ である。

(3) Aが勝ったときに，Aが白球を取り出している条件付き確率は

$$\dfrac{\boxed{\text{エ}}}{\boxed{\text{オ}}}$$

である。

4 次の各問いに答えなさい。

(1) 3次関数 $y = -2x^3 + 3x^2 + 12x + 5$ について

極大値は $\boxed{\text{ア}}\boxed{\text{イ}}$，極小値は $\boxed{\text{ウ}}\boxed{\text{エ}}$

である。

(2) 右の図のように関数

$$y = x^2 \quad (0 \le x \le 1) \quad \cdots\cdots①$$

のグラフ上に点 $P(a,\ a^2)$ があり，Pを通り，y軸に垂直な直線を l とする。①のグラフと y軸および直線 l で囲まれた領域の面積を $S(a)$ とするとき

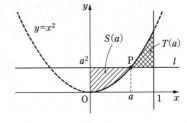

$$S(a) = \dfrac{\boxed{\text{オ}}}{\boxed{\text{カ}}} a^3$$

である。

さらに，①のグラフと直線 $x = 1$ および直線 l で囲まれた図形の面積を $T(a)$ とするとき，$S(a) = T(a)$ となるのは

$$a = \dfrac{\sqrt{\boxed{\text{キ}}}}{\boxed{\text{ク}}}$$

のときである。ただし，$0 < a < 1$ とする。

5

次の各問いに答えなさい。

(1) $\sqrt[6]{4} \times \sqrt[3]{32} = \boxed{\text{ア}}$ である。

(2) 不等式 $\log_{\frac{1}{3}}(6-x) < \log_{\frac{1}{3}} x$ の解は

$$\boxed{\text{イ}} < x < \boxed{\text{ウ}}$$

である。

(3) $0 \leqq x \leqq 3$ のとき，関数

$$y = 4^x - 2^{x+2} + 8$$

の最大値は $\boxed{\text{エ}\ \text{オ}}$，最小値は $\boxed{\text{カ}}$ である。

6

次の各問いに答えなさい。

(1) $\sqrt{2}\sin\theta + \sqrt{2}\cos\theta = \boxed{\text{ア}}\sin\left(\theta + \dfrac{\pi}{\boxed{\text{イ}}}\right)$

である。ただし，$0 < \dfrac{\pi}{\boxed{\text{イ}}} < \pi$ とする。

(2) αは鋭角，βは鈍角で，$\cos\alpha = \dfrac{1}{2}$，$\cos\beta = -\dfrac{1}{7}$ のとき

$$\cos(\alpha - \beta) = \boxed{\text{ウ}}$$

である。

$\boxed{\text{ウ}}$ に最も適するものを下の選択肢から選び，番号で答えなさい。

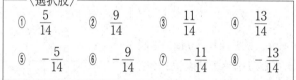

〈選択肢〉
① $\dfrac{5}{14}$　② $\dfrac{9}{14}$　③ $\dfrac{11}{14}$　④ $\dfrac{13}{14}$

⑤ $-\dfrac{5}{14}$　⑥ $-\dfrac{9}{14}$　⑦ $-\dfrac{11}{14}$　⑧ $-\dfrac{13}{14}$

(3) $0 \leqq \theta < 2\pi$ のとき，不等式 $\cos2\theta - \sin\theta - 1 > 0$ を満たす θ の値の範囲は

$$\boxed{\text{エ}} < \theta < \boxed{\text{オ}}, \quad \boxed{\text{カ}} < \theta < 2\pi$$

である。$\boxed{\text{エ}}$，$\boxed{\text{オ}}$，$\boxed{\text{カ}}$ に最も適するものをそれぞれ下の選択肢から選び，番号で答えなさい。

〈選択肢〉
① $\dfrac{\pi}{6}$　② $\dfrac{\pi}{3}$　③ $\dfrac{\pi}{2}$　④ $\dfrac{5}{6}\pi$

⑤ π　⑥ $\dfrac{7}{6}\pi$　⑦ $\dfrac{5}{3}\pi$　⑧ $\dfrac{11}{6}\pi$

7

次の各問いに答えなさい。

(1) 第6項が37，第15項が100 である等差数列 $\{a_n\}$ について，一般項 a_n は
$$a_n = \boxed{\text{ア}}\,n - \boxed{\text{イ}}$$
である。

(2) 数列 $\{b_n\}$: 1, 2, 7, 16, 29, 46, 67, ……

の一般項 b_n は
$$b_n = \boxed{\text{ウ}}\,n^2 - \boxed{\text{エ}}\,n + \boxed{\text{オ}}$$
である。

(3) $S_n = \displaystyle\sum_{k=1}^{n} \frac{1}{3^{k+1}}$ とするとき
$$\lim_{n\to\infty} S_n = \frac{\boxed{\text{カ}}}{\boxed{\text{キ}}}$$
である。

8

次の各問いに答えなさい。

(1) $(1+\sqrt{3}\,i)^3 = \boxed{\text{ア}\ \text{イ}}$ である。ただし，i は虚数単位とする。

(2) 方程式 $z^3 = -i$ の3つの解を極形式で表したときの偏角は
$$\boxed{\text{ウ}},\quad \boxed{\text{エ}},\quad \boxed{\text{オ}}$$
である。ただし，$0 \leqq \boxed{\text{ウ}} < \boxed{\text{エ}} < \boxed{\text{オ}} < 2\pi$ とする。

$\boxed{\text{ウ}}$, $\boxed{\text{エ}}$, $\boxed{\text{オ}}$ に最も適するものをそれぞれ下の選択肢から選び，番号で答えなさい。

〈選択肢〉

① $\dfrac{\pi}{6}$	② $\dfrac{\pi}{3}$	③ $\dfrac{\pi}{2}$	④ $\dfrac{5}{6}\pi$
⑤ π	⑥ $\dfrac{7}{6}\pi$	⑦ $\dfrac{5}{3}\pi$	⑧ $\dfrac{11}{6}\pi$

(3) 複素数平面上の点 $2\sqrt{2} + \sqrt{2}\,i$ を原点を中心として $\dfrac{\pi}{4}$ だけ回転した点を表す複素数は
$$\boxed{\text{カ}} + \boxed{\text{キ}}\,i$$
である。

平成31年度　4月実施　解答と解説

---

1 次の各問いに答えなさい。

(1) 整式 x^3-3x^2+4x-7 を $x-1$ で割ったときの

商は　$x^2-\boxed{\text{ア}}\,x+\boxed{\text{イ}}$

余りは　$\boxed{\text{ウ}\,\text{エ}}$

である。

(2) i を虚数単位とするとき

$$\frac{i}{\sqrt{6}+2i}-\frac{i}{\sqrt{6}-2i}=\frac{\boxed{\text{オ}}}{\boxed{\text{カ}}}$$

である。

(3) $\sin\dfrac{7}{6}\pi=\dfrac{\boxed{\text{キ}\,\text{ク}}}{\boxed{\text{ケ}}}$

である。

(4) 空間のベクトル $\vec{a}=(-4,\ 0,\ 5),\ \vec{b}=(1,\ -2,\ 2)$ について

$\vec{a}\cdot\vec{b}=\boxed{\text{コ}}$

である。

解　答

(1)
$$
\begin{array}{r}
x^2-2x+2 \\
x-1\,\overline{\smash{)}\,x^3-3x^2+4x-7} \\
\underline{x^3-\ x^2} \\
-2x^2+4x \\
\underline{-2x^2+2x} \\
2x-7 \\
\underline{2x-2} \\
-5
\end{array}
$$

よって，商は　x^2-2x+2

余りは　-5

【別解】 組立除法を利用すると，

$$
\begin{array}{r|rrrr}
1 & 1 & -3 & 4 & -7 \\
  &   & 1 & -2 & 2 \\
\hline
  & 1 & -2 & 2 & \boxed{-5}
\end{array}
$$

よって，商は　x^2-2x+2

余りは　-5

答（ア）2　（イ）2　（ウ）−　（エ）5

(2) $i^2 = -1$ より

$$\frac{i}{\sqrt{6}+2i} - \frac{i}{\sqrt{6}-2i} = \frac{i(\sqrt{6}-2i) - i(\sqrt{6}+2i)}{(\sqrt{6}+2i)(\sqrt{6}-2i)}$$

$$= \frac{\sqrt{6}\,i - 2i^2 - \sqrt{6}\,i - 2i^2}{6 - 4i^2}$$

$$= \frac{-4i^2}{6 - 4i^2}$$

$$= \frac{-4 \times (-1)}{6 - 4 \times (-1)}$$

$$= \frac{4}{10}$$

$$= \frac{2}{5}$$

答 **（オ）2　（カ）5**

(3) $\sin \dfrac{7}{6}\pi = \sin\left(\pi + \dfrac{\pi}{6}\right) = -\sin \dfrac{\pi}{6} = -\dfrac{1}{2}$

答 **（キ）－　（ク）1　（ケ）2**

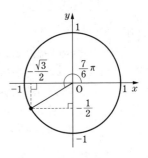

(4) $\vec{a} \cdot \vec{b} = (-4) \times 1 + 0 \times (-2) + 5 \times 2$

$\qquad = -4 + 0 + 10$

$\qquad = 6$

答 **（コ）6**

┌─**【参考】ベクトルの内積**─────────
$\vec{a} = (x_1,\ x_2,\ x_3),\ \vec{b} = (y_1,\ y_2,\ y_3)$ のとき
$\qquad \vec{a} \cdot \vec{b} = x_1 y_1 + x_2 y_2 + x_3 y_3$
└─────────────────────────

2

2つの円 $C_1 : x^2 + y^2 = 2$

$\qquad C_2 : x^2 + y^2 - 8x + 6y + 17 = 0$

について，次の問いに答えなさい。

(1) 円 C_2 の

中心の座標は（ $\boxed{\text{ア}}$ ， $\boxed{\text{イ}\text{ウ}}$ ），半径は $\boxed{\text{エ}}\sqrt{\boxed{\text{オ}}}$

である。

(2) 直線 $x - y + k = 0$ が円 C_2 と接するとき

$\qquad k = \boxed{\text{カ}\text{キ}}，\boxed{\text{ク}\text{ケ}\text{コ}}$

である。

(3) 円 C_1 上を動く点 P，円 C_2 上を動く点 Q について，線分 PQ の長さの最小値は

$\qquad \boxed{\text{サ}} - \boxed{\text{シ}}\sqrt{\boxed{\text{ス}}}$

である。

解答

(1) 円 C_2 の方程式は次のように変形できる。

$\qquad x^2 + y^2 - 8x + 6y + 17 = 0$

$\qquad (x-4)^2 - 16 + (y+3)^2 - 9 + 17 = 0$

$\qquad (x-4)^2 + (y+3)^2 = 8$

よって，中心の座標は $(4, -3)$，半径は $\sqrt{8} = 2\sqrt{2}$

> ── 【参考】円の方程式 ──
> 中心 (a, b)，半径 r の円の方程式は
> $\qquad (x-a)^2 + (y-b)^2 = r^2$

答 （ア）4 （イ）− （ウ）3 （エ）2 （オ）2

(2) 直線 $x - y + k = 0$ が円 C_2 と接するとき，

円 C_2 の中心 $(4, -3)$ と直線 $x - y + k = 0$ の距離

は，円 C_2 の半径 $2\sqrt{2}$ と等しい。

よって，

$\qquad \dfrac{|4 - (-3) + k|}{\sqrt{1^2 + (-1)^2}} = 2\sqrt{2}$

$\qquad |4 + 3 + k| = 2\sqrt{2} \times \sqrt{2}$

$\qquad |k + 7| = 4$

$\qquad k + 7 = \pm 4$

$\qquad k = -7 \pm 4$

$\qquad k = -3, \ -11$

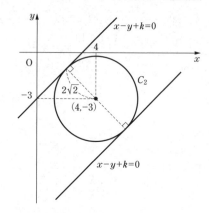

> ── 【参考】点と直線の距離 ──
> 点 (x_1, y_1) と直線 $ax + by + c = 0$ の距離は
> $\qquad \dfrac{|ax_1 + by_1 + c|}{\sqrt{a^2 + b^2}}$

答 （カ）− （キ）3 （ク）− （ケ）1 （コ）1

$$\begin{cases} x^2+y^2-8x+6y+17=0 & \cdots\cdots① \\ x-y+k=0 & \cdots\cdots② \end{cases}$$

②より $y=x+k$ を①に代入する。

$$x^2+(x+k)^2-8x+6(x+k)+17=0$$
$$x^2+x^2+2kx+k^2-8x+6x+6k+17=0$$
$$2x^2+2(k-1)x+k^2+6k+17=0$$

直線 $x-y+k=0$ が円 C_2 と接するから，判別式 $\dfrac{D}{4}=0$

よって，$\dfrac{D}{4}=(k-1)^2-2(k^2+6k+17)=0$

$$k^2-2k+1-2k^2-12k-34=0$$
$$k^2+14k+33=0$$
$$(k+3)(k+11)=0$$
$$k=-3,\ -11$$

(3) 円 C_1 は中心が原点で，半径 $\sqrt{2}$ の円である。

線分 PQ の長さが最小になるのは，2つの円 C_1，C_2 の中心を通る直線と2つの円の交点のうち，それぞれもう一方の円に近い方の交点を P，Q としたときである。

2つの円 C_1，C_2 の中心を O_1，O_2 とすると

$$O_1O_2=\sqrt{4^2+3^2}=5$$

また，$O_1P=\sqrt{2}$，$O_2Q=2\sqrt{2}$ より

$$PQ=O_1O_2-(O_1P+O_2Q)$$
$$=5-(\sqrt{2}+2\sqrt{2})$$
$$=5-3\sqrt{2}$$

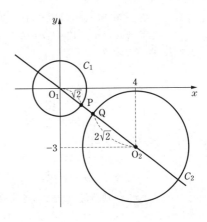

答 **（サ）5 （シ）3 （ス）2**

3 等差数列 $\{a_n\}$ において，第4項が 11，第10項が 23 であるとき，次の問いに答えなさい。

(1) $\{a_n\}$ の一般項は
$$a_n = \boxed{\text{ア}}\, n + \boxed{\text{イ}}$$
である。

(2) 数列 $\{a_n\}$ の初項から第 n 項までの和を S_n とおくと
$$S_n = n^2 + \boxed{\text{ウ}}\, n$$
である。

(3) $\displaystyle\sum_{k=1}^{10} \frac{1}{a_k \cdot a_{k+1}} = \dfrac{\boxed{\text{エ}}}{\boxed{\text{オ}}\boxed{\text{カ}}}$

である。

解　答

(1) 初項 a，公差 d とすると
$$a_4 = a + (4-1)d = 11 \quad \text{より} \quad a + 3d = 11 \quad \cdots\cdots①$$
$$a_{10} = a + (10-1)d = 23 \quad \text{より} \quad a + 9d = 23 \quad \cdots\cdots②$$

①，②より

$$
\begin{array}{r}
a + 3d = 11 \\
-)\ a + 9d = 23 \\
\hline
-6d = -12
\end{array}
$$
$$d = 2$$

$d = 2$ を①に代入し，
$$a + 3 \times 2 = 11$$
$$a = 11 - 6 = 5$$

よって，初項5，公差2の等差数列の一般項なので
$$a_n = 5 + (n-1) \times 2$$
$$= 2n + 3$$

答 （ア）**2** （イ）**3**

(2) 初項5，公差2の等差数列の初項から第 n 項までの和 S_n は，
$$S_n = \frac{1}{2}n\{2 \times 5 + (n-1) \times 2\}$$
$$= \frac{1}{2}n(10 + 2n - 2)$$
$$= n^2 + 4n$$

答 （ウ）**4**

(3) (1)より, $a_k = 2k+3$, $a_{k+1} = 2(k+1)+3 = 2k+5$

$$\frac{1}{a_k} - \frac{1}{a_{k+1}} = \frac{1}{2k+3} - \frac{1}{2k+5}$$

$$= \frac{(2k+5)-(2k+3)}{(2k+3)(2k+5)}$$

$$= \frac{2}{(2k+3)(2k+5)}$$

$$= \frac{2}{a_k \cdot a_{k+1}} \qquad \text{より}$$

$$\frac{1}{a_k \cdot a_{k+1}} = \frac{1}{2}\left(\frac{1}{a_k} - \frac{1}{a_{k+1}}\right)$$

よって,

$$\sum_{k=1}^{10} \frac{1}{a_k \cdot a_{k+1}} = \sum_{k=1}^{10} \frac{1}{2}\left(\frac{1}{a_k} - \frac{1}{a_{k+1}}\right)$$

$$= \frac{1}{2}\sum_{k=1}^{10}\left(\frac{1}{2k+3} - \frac{1}{2k+5}\right)$$

$$= \frac{1}{2}\left\{\left(\frac{1}{5} - \frac{1}{7}\right) + \left(\frac{1}{7} - \frac{1}{9}\right) + \left(\frac{1}{9} - \frac{1}{11}\right) + \cdots + \left(\frac{1}{23} - \frac{1}{25}\right)\right\}$$

$$= \frac{1}{2}\left(\frac{1}{5} - \frac{1}{25}\right)$$

$$= \frac{1}{2} \cdot \frac{5-1}{25}$$

$$= \frac{2}{25}$$

答 （エ）**2** （オ）**2** （カ）**5**

4 次の各問いに答えなさい。

(1) $(\sqrt[3]{64})^{-1} = \dfrac{\boxed{ア}}{\boxed{イ}}$ である。

(2) $\log_3 24 - 3\log_3 6 = \boxed{ウ}\boxed{エ}$ である。

(3) 不等式 $\log_2(x-1) + \log_2 x < 1$ の解は

$$\boxed{オ}$$

である。

$\boxed{オ}$ に適するものを下の選択肢の中から選び，番号で答えなさい。

〈選択肢〉

① $0<x<2$	② $-1<x<2$	③ $1<x<2$
④ $-2<x<1$	⑤ $-1<x$	⑥ $1<x$
⑦ $-2<x$	⑧ $0<x$	⑨ 解なし

解　答

(1) $(\sqrt[3]{64})^{-1} = 64^{-\frac{1}{3}} = (2^6)^{-\frac{1}{3}} = 2^{-2} = \dfrac{1}{2^2} = \dfrac{1}{4}$

答（ア）**1**　（イ）**4**

【参考】累乗根の性質，負の指数

$$\sqrt[m]{a^n} = a^{\frac{n}{m}}, \quad a^{-1} = \dfrac{1}{a}$$

【別解】 $(\sqrt[3]{64})^{-1} = \dfrac{1}{\sqrt[3]{64}} = \dfrac{1}{64^{\frac{1}{3}}} = \dfrac{1}{(2^6)^{\frac{1}{3}}} = \dfrac{1}{2^2} = \dfrac{1}{4}$

(2) $\log_3 24 - 3\log_3 6 = \log_3 24 - \log_3 6^3$

$= \log_3 \dfrac{24}{6^3}$

$= \log_3 \dfrac{1}{9}$

$= \log_3 3^{-2}$

$= -2 \log_3 3$

$= \mathbf{-2}$

【参考】対数の性質

$$\log_a M + \log_a N = \log_a MN$$
$$\log_a M - \log_a N = \log_a \dfrac{M}{N}$$
$$\log_a M^p = p\log_a M$$
$$\log_a a = 1$$

答（ウ）**－**　（エ）**2**

【別解】 $\log_3 24 - 3\log_3 6 = \log_3 2^3 \cdot 3 - 3\log_3 2 \cdot 3$

$= (\log_3 2^3 + \log_3 3) - 3(\log_3 2 + \log_3 3)$

$= 3\log_3 2 + 1 - 3(\log_3 2 + 1)$

$= 3\log_3 2 + 1 - 3\log_3 2 - 3$

$= -2$

(3) 真数条件より

$x-1>0, \ x>0$　つまり $x>1$ ……(☆)

$\log_2(x-1) + \log_2 x < 1$

$\log_2(x-1)x < \log_2 2$

【参考】対数の底の範囲と不等式

$\log_a M < \log_a N$ において

$\quad a>1$ のとき　$M<N$

$\quad 0<a<1$ のとき　$M>N$

— 130 —

底2は1より大きいから

$$(x-1)x<2$$
$$x^2-x-2<0$$
$$(x-2)(x+1)<0$$
$$-1<x<2 \quad \cdots\cdots(\bigstar)$$

(☆), (★)より, $1<x<2$

したがって, 選択肢の③である。

答 (オ) ③

 次の各問いに答えなさい。

(1) 関数 $f(x)=x^3+6x^2+9x+k$ が極小値5をとるとき

$$k=\boxed{\quad ア \quad}$$

である。

(2) 右の図のように, 放物線 $y=x^2-4x+1$ ……① 上に
点Pがあり, Pの x 座標は3である。

(i) 点Pにおける放物線①の接線の傾きは $\boxed{\quad イ \quad}$ であ
り, その方程式は

$$y=\boxed{\quad イ \quad}x-\boxed{\quad ウ \quad} \quad \cdots\cdots②$$

である。

(ii) 放物線①と接線②と y 軸で囲まれる図形の面積は

$$\boxed{\quad エ \quad}$$

である。

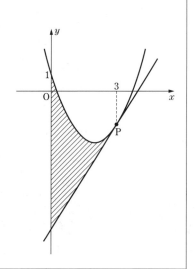

解 答

(1) $f(x)=x^3+6x^2+9x+k$ を x で微分すると,

$$f'(x)=3x^2+12x+9$$
$$=3(x^2+4x+3)$$
$$=3(x+1)(x+3)$$

$f'(x)=0$ のとき, $(x+1)(x+3)=0$ より, $x=-1$, -3

x	$\cdots$	-3	$\cdots$	-1	$\cdots$
$f'(x)$	$+$	0	$-$	0	$+$
$f(x)$	↗	極大	↘	極小 5	↗

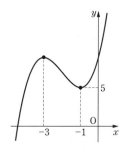

増減表より, $f(x)$ は $x=-1$ で極小値5をとるから, $f(-1)=5$

$$f(-1)=(-1)^3+6\times(-1)^2+9\times(-1)+k=5$$

$$-1+6-9+k=5$$
$$k=9$$

答 （ア）9

(2) (ⅰ)　$y=x^2-4x+1$ を x で微分すると
$$y'=2x-4$$
　　放物線上の点Pにおける接線の傾きは
　　点Pの x 座標が3より，
$$y'=2\cdot3-4=\mathbf{2}$$
　　また，点Pの y 座標は
$$y=3^2-4\cdot3+1=9-12+1=-2$$
　　求める接線は，傾き2で 点P(3，−2) を通る直線だから
$$y-(-2)=2(x-3)$$
$$y=2x-6-2$$
$$y=2x-\mathbf{8}$$

【参考】接線の方程式

　関数 $y=f(x)$ のグラフ上の点 $(a,f(a))$
における接線の方程式は
$$y-f(a)=f'(a)f(x-a)$$
である。

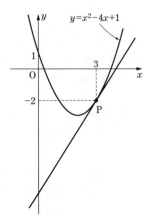

答 （イ）2　（ウ）8

(ⅱ)　求める面積 S は
$$S=\int_0^3\{(x^2-4x+1)-(2x-8)\}dx$$
$$=\int_0^3(x^2-6x+9)\,dx$$
$$=\left[\frac{1}{3}x^3-3x^2+9x\right]_0^3$$
$$=\left(\frac{1}{3}\cdot3^3-3\cdot3^2+9\cdot3\right)-0$$
$$=9-27+27$$
$$=\mathbf{9}$$

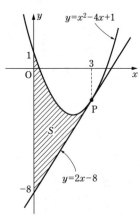

答 （エ）9

【参考】2つの曲線の間の面積

　区間 $a\leqq x\leqq b$ において，$f(x)\geqq g(x)$ であるとき，2つの関数 $y=f(x)$，$y=g(x)$ のグラフと2直線 $x=a$，$x=b$ に囲まれた部分の面積 S は，
$$S=\int_a^b\{f(x)-g(x)\}dx$$

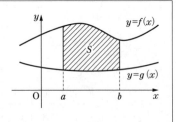

6 次の各問いに答えなさい。

(1) $0 < x < \dfrac{\pi}{2}$ において,$\sin x = \dfrac{3}{5}$ であるとき

$$\cos x = \frac{\boxed{\text{ア}}}{\boxed{\text{イ}}}, \quad \sin\left(x + \frac{\pi}{4}\right) = \frac{\boxed{\text{ウ}}\sqrt{\boxed{\text{エ}}}}{\boxed{\text{オ}}\,\boxed{\text{カ}}}$$

である。

(2) 関数 $y = \cos 2x + 4\sin x$ について

(i) $\sin x = t$ とおくと

$$y = -\boxed{\text{キ}}\,t^2 + 4t + \boxed{\text{ク}}$$

と表される。

(ii) $0 \leqq x < 2\pi$ のとき,y の

最大値は $\boxed{\text{ケ}}$

最小値は $\boxed{\text{コ}}\,\boxed{\text{サ}}$

である。

解 答

(1) $\sin^2 x + \cos^2 x = 1$ より

$$\left(\frac{3}{5}\right)^2 + \cos^2 x = 1$$

$$\cos^2 x = 1 - \frac{9}{25}$$

$$\cos^2 x = \frac{16}{25}$$

$0 < x < \dfrac{\pi}{2}$ より $\cos x > 0$

よって,$\cos x = \dfrac{4}{5}$

また,加法定理より

$$\sin\left(x + \frac{\pi}{4}\right) = \sin x \cos\frac{\pi}{4} + \cos x \sin\frac{\pi}{4}$$

$$= \frac{3}{5} \times \frac{1}{\sqrt{2}} + \frac{4}{5} \times \frac{1}{\sqrt{2}}$$

$$= \frac{3}{5\sqrt{2}} + \frac{4}{5\sqrt{2}}$$

$$= \frac{3\sqrt{2}}{10} + \frac{4\sqrt{2}}{10}$$

$$= \frac{7\sqrt{2}}{10}$$

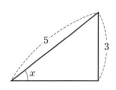

【参考】正弦の加法定理

$$\sin(\alpha + \beta) = \sin\alpha\cos\beta + \cos\alpha\sin\beta$$
$$\sin(\alpha - \beta) = \sin\alpha\cos\beta - \cos\alpha\sin\beta$$

答 （ア）4 （イ）5 （ウ）7 （エ）2 （オ）1 （カ）0

(2) (i) $\sin x = t$ とおくと

$$\begin{aligned} y &= \cos 2x + 4\sin x \\ &= (1 - 2\sin^2 x) + 4\sin x \\ &= -2\sin^2 x + 4\sin x + 1 \\ &= \boldsymbol{-2}t^2 + \boldsymbol{4}t + \boldsymbol{1} \end{aligned}$$

答 (キ) 2 (ク) 1

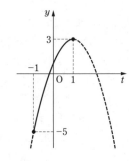

【参考】2倍角の公式
$$\sin 2\alpha = 2\sin\alpha\cos\alpha$$
$$\begin{aligned} \cos 2\alpha &= \cos^2\alpha - \sin^2\alpha \\ &= 1 - 2\sin^2\alpha \\ &= 2\cos^2\alpha - 1 \end{aligned}$$

(ii) $0 \leqq x < 2\pi$ のとき, $-1 \leqq \sin x \leqq 1$

よって, $-1 \leqq t \leqq 1$

$$\begin{aligned} y &= -2t^2 + 4t + 1 \\ &= -2(t^2 - 2t) + 1 \\ &= -2\{(t-1)^2 - 1\} + 1 \\ &= -2(t-1)^2 + 3 \end{aligned}$$

よって, 右図より, $t = 1$ のとき最大値 **3**

$t = -1$ のとき

$$\begin{aligned} y &= -2 \times (-1)^2 + 4 \times (-1) + 1 \\ &= -2 - 4 + 1 = -5 \end{aligned}$$

したがって, $t = -1$ のとき最小値 **−5**

答 (ケ) 3 (コ) − (サ) 5

---

7 次の各問いに答えなさい。

(1) $\vec{a} = (-1,\ 3)$, $\vec{b} = (2,\ 4)$ のとき

(i) $4\vec{a} + 3\vec{b} = (\boxed{\ \text{ア}\ },\ \boxed{\text{イ}\ \text{ウ}})$ である。

(ii) $|\vec{a}| = \sqrt{\boxed{\text{エ}\ \text{オ}}}$ である。

(iii) $\vec{a}$ と $\vec{b}$ のなす角を θ とすると

$$\theta = \dfrac{\pi}{\boxed{\text{カ}}}$$

である。ただし, $0 \leqq \theta \leqq \pi$ とする。

(2) 右の図のように, AD//BC, 2AD = BC である台形 ABCD がある。$\overrightarrow{AB} = \vec{b}$, $\overrightarrow{AD} = \vec{d}$ とするとき

(i) $\overrightarrow{AC} = \vec{b} + \boxed{\ \text{キ}\ }\vec{d}$ である。

(ii) 辺 CD を 1:2 に内分する点を E とすると

$$\overrightarrow{AE} = \dfrac{\boxed{\ \text{ク}\ }}{\boxed{\ \text{ケ}\ }}\vec{b} + \dfrac{\boxed{\ \text{コ}\ }}{\boxed{\ \text{サ}\ }}\vec{d}$$

であり, 線分 BD と線分 AE の交点を F とすると

BF : FD = $\boxed{\ \text{シ}\ }$: $\boxed{\ \text{ス}\ }$

である。

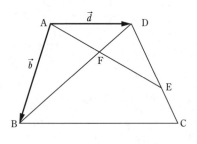

解　答

(1) $\vec{a}=(-1,\ 3)$, $\vec{b}=(2,\ 4)$ より,

(i) $4\vec{a}+3\vec{b}=4(-1,\ 3)+3(2,\ 4)$

$\qquad\qquad =(-4,\ 12)+(6,\ 12)$

$\qquad\qquad =(\mathbf{2,\ 24})$

答（ア）2　（イ）2　（ウ）4

(ii) $|\vec{a}|=\sqrt{(-1)^2+3^2}=\sqrt{10}$

答（エ）1　（オ）0

> **【参考】ベクトルの大きさ**
> $\vec{a}=(p,\ q)$ のとき
> $|\vec{a}|=\sqrt{p^2+q^2}$

(iii) $\vec{a}\cdot\vec{b}=(-1)\times2+3\times4=10$　……①

また, $|\vec{b}|=\sqrt{2^2+4^2}=2\sqrt{5}$, $|\vec{a}|=\sqrt{10}$ より

$\qquad \vec{a}\cdot\vec{b}=|\vec{a}||\vec{b}|\cos\theta$

$\qquad\qquad =\sqrt{10}\cdot2\sqrt{5}\cdot\cos\theta$

$\qquad\qquad =10\sqrt{2}\cos\theta$　……②

①, ②より

$\qquad 10\sqrt{2}\cos\theta=10$

$\qquad\qquad \cos\theta=\dfrac{1}{\sqrt{2}}$

$0\leqq\theta\leqq\pi$ より　$\theta=\dfrac{\pi}{4}$

> **【参考】ベクトルの内積**
> $\vec{a}=(a_1,\ a_2)$, $\vec{b}=(b_1,\ b_2)$ のとき
> $\qquad \vec{a}\cdot\vec{b}=a_1b_1+a_2b_2$
> $\vec{a}$ と $\vec{b}$ のなす角を θ とすると
> $\qquad \vec{a}\cdot\vec{b}=|\vec{a}||\vec{b}|\cos\theta$

答（カ）4

【別解】 $\vec{a}\cdot\vec{b}=10$, $|\vec{a}|=\sqrt{10}$, $|\vec{b}|=2\sqrt{5}$ より,

$\qquad \cos\theta=\dfrac{\vec{a}\cdot\vec{b}}{|\vec{a}||\vec{b}|}=\dfrac{10}{\sqrt{10}\times2\sqrt{5}}=\dfrac{10}{10\sqrt{2}}=\dfrac{1}{\sqrt{2}}$

$0\leqq\theta\leqq\pi$ より　$\theta=\dfrac{\pi}{4}$

(2) (i) AD∥BC, 2AD＝BC より

$$\overrightarrow{BC}=2\overrightarrow{AD}=2\vec{d}$$

よって，$\overrightarrow{AC}=\overrightarrow{AB}+\overrightarrow{BC}$

$$=\vec{b}+2\vec{d}$$

答 （キ）2

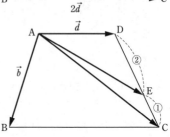

(ii) 点 E は辺 CD を 1：2 に内分する点だから

$$\overrightarrow{AE}=\frac{2\overrightarrow{AC}+\overrightarrow{AD}}{1+2}=\frac{1}{3}(2\overrightarrow{AC}+\overrightarrow{AD})$$

$$=\frac{1}{3}\{2(\vec{b}+2\vec{d})+\vec{d}\}$$

$$=\frac{1}{3}(2\vec{b}+5\vec{d})$$

$$=\frac{2}{3}\vec{b}+\frac{5}{3}\vec{d}$$

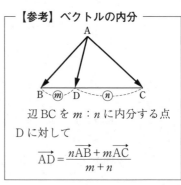

また，BF：FD＝s：$(1-s)$ $(0<s<1)$ とすると

$$\overrightarrow{AF}=(1-s)\vec{b}+s\vec{d} \quad\cdots\cdots①$$

AF：FE＝t：$(1-t)$ $(0<t<1)$ とすると

$\overrightarrow{AF}=t\overrightarrow{AE}$ なので

$$\overrightarrow{AF}=t\left(\frac{2}{3}\vec{b}+\frac{5}{3}\vec{d}\right)$$

$$=\frac{2}{3}t\vec{b}+\frac{5}{3}t\vec{d} \quad\cdots\cdots②$$

①，②より，$\vec{b}$ と $\vec{d}$ はともに $\vec{0}$ ではなく，平行でもないので，

$$\begin{cases} 1-s=\dfrac{2}{3}t \\ s=\dfrac{5}{3}t \end{cases}$$

これを解いて，$t=\dfrac{3}{7}$，$s=\dfrac{5}{7}$

すなわち，$\overrightarrow{AF}=\dfrac{2}{3}\times\dfrac{3}{7}\vec{b}+\dfrac{5}{3}\times\dfrac{3}{7}\vec{d}$

$$=\frac{2}{7}\vec{b}+\frac{5}{7}\vec{d}=\frac{2\vec{b}+5\vec{d}}{7}=\frac{2\vec{b}+5\vec{d}}{5+2}$$

これは，F が線分 BD を 5：2 に内分することを表す。

よって，BF：FD＝**5**：**2**

答 （ク）2 （ケ）3 （コ）5 （サ）3 （シ）5 （ス）2

【参考】ベクトルの内分

辺 BC を m：n に内分する点 D に対して

$$\overrightarrow{AD}=\frac{n\overrightarrow{AB}+m\overrightarrow{AC}}{m+n}$$

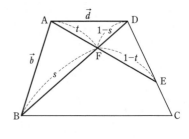

【別解】 (ii)より，$\overrightarrow{AE}=\dfrac{2\vec{b}+5\vec{d}}{3}=\dfrac{7}{3}\times\dfrac{2\vec{b}+5\vec{d}}{7}$ と変形すると，

$\overrightarrow{AF}=\dfrac{2\vec{b}+5\vec{d}}{7}$，$\overrightarrow{AE}=\dfrac{7}{3}\overrightarrow{AF}$ となる。

$$\overrightarrow{AF}=\frac{2\vec{b}+5\vec{d}}{7}=\frac{2\vec{b}+5\vec{d}}{5+2}$$

これは，F が線分 BD を 5：2 に内分することを表す。

よって，BF：FD＝5：2

数学　4月実施　　正解と配点　　　　　　　　　　　　　　（60分，100点満点）

問題番号		記号	正解	配点
1	(1)	ア	2	4
		イ	2	
		ウ	—	
		エ	5	
	(2)	オ	2	4
		カ	5	
	(3)	キ	—	4
		ク	1	
		ケ	2	
	(4)	コ	6	4
2	(1)	ア	4	3
		イ	—	
		ウ	3	
		エ	2	3
		オ	2	
	(2)	カ	—	4
		キ	3	
		ク	—	
		ケ	1	
		コ	1	
	(3)	サ	5	4
		シ	3	
		ス	2	
3	(1)	ア	2	4
		イ	3	
	(2)	ウ	4	4
	(3)	エ	2	5
		オ	2	
		カ	5	
4	(1)	ア	1	4
		イ	4	
	(2)	ウ	—	4
		エ	2	
	(3)	オ	③	5

問題番号			記号	正解	配点
5	(1)		ア	9	4
	(2)	(i)	イ	2	2
			ウ	8	3
		(ii)	エ	9	5
6	(1)		ア	4	3
			イ	5	
			ウ	7	3
			エ	2	
			オ	1	
			カ	0	
	(2)	(i)	キ	2	3
			ク	1	
		(ii)	ケ	3	3
			コ	—	3
			サ	5	
7	(1)	(i)	ア	2	2
			イ	2	
			ウ	4	
		(ii)	エ	1	2
			オ	0	
		(iii)	カ	4	3
	(2)	(i)	キ	2	2
		(ii)	ク	2	3
			ケ	3	
			コ	5	
			サ	3	
			シ	5	3
			ス	2	

令和元年度　９月実施　文系　解答と解説

1 次の各問いに答えなさい。

(1) $x=5+\sqrt{3}$, $y=5-\sqrt{3}$ のとき
$$xy=\boxed{\text{ア イ}}, \quad x^2+y^2=\boxed{\text{ウ エ}}$$
である。

(2) a を自然数として，8個のデータ
$$6, \ 4, \ 3, \ 5, \ 7, \ 2, \ 6, \ a$$
の箱ひげ図が以下のようであるとき，$a=\boxed{\quad\text{オ}\quad}$ である。

(3) 161 と 299 の最大公約数は $\boxed{\text{カ キ}}$ である。

(4) 整式 $x^3-8x^2+11x+9$ を整式 $x-6$ で割ると

　　商は　$x^2-\boxed{\text{ク}}\,x-\boxed{\text{ケ}}$

　　余りは　$\boxed{\quad\text{コ}\quad}$

である。

(5) △ABC において，AB＝6, BC＝7, $\cos B=\dfrac{3}{4}$ であるとき
$$\text{CA}=\sqrt{\boxed{\text{サ シ}}}$$
である。

(6) 第2項が1, 第9項が－27である等差数列 $\{a_n\}$ について，一般項 a_n は
$$a_n=\boxed{\text{ス セ}}\,n+\boxed{\quad\text{ソ}\quad}$$
である。

解　答

(1) 　　　$xy=(5+\sqrt{3})(5-\sqrt{3})=25-3=\mathbf{22}$

また，$x+y=(5+\sqrt{3})+(5-\sqrt{3})=10$ より，

　　$x^2+y^2=(x+y)^2-2xy=10^2-2\times22=\mathbf{56}$

【参考】対称式の変形

$x^2+y^2=(x+y)^2-2xy$

$x^3+y^3=(x+y)^3-3xy(x+y)$

答 （ア）2 　（イ）2 　（ウ）5 　（エ）6

(2) a を除いたデータを小さい順に並び変えると，

2, 3, 4, 5, 6, 6, 7 …① である。

箱ひげ図と a を含めたデータが8つであることから，
次のことが分かる。

・第1四分位数が3.5 → 2つ目と3つ目の平均値が3.5 …②
・中央値が4.5 → 4つ目と5つ目の平均値が4.5 …③
・第3四分位数が6 → 6つ目と7つ目の平均値が6 …④

②は①の列で既に満たされているので，$a \geqq 4$。

③は①の列で満たされておらず，$a \leqq 4$ でなければならない。

すなわち，$a=4$ である。このとき，④も満たされる。

答 **（オ）4**

(3) ユークリッドの互除法より，

$$299 = 161 \times 1 + 138$$
$$161 = 138 \times 1 + 23$$
$$138 = 23 \times 6$$

すなわち，最大公約数は **23**

答 **（カ）2 （キ）3**

【参考】ユークリッドの互除法

2つの自然数 a_1, $a_2 (a_1 > a_2)$ において，次の
ように割り算を余りが0になるまで繰り返す。

$$a_1 = a_2 \times b_1 + a_3$$
$$a_2 = a_3 \times b_2 + a_4$$
$$\vdots$$
$$a_{n-1} = a_n \times b_{n-1}$$

このとき，a_n は a_1 と a_2 の最大公約数である。

---

(4)
$$
\require{enclose}
\begin{array}{r}
x^2-2x\ -1 \\
x-6 \enclose{longdiv}{x^3-8x^2+11x+9} \\
\underline{x^3-6x^2} \\
-2x^2+11x \\
\underline{-2x^2+12x} \\
-x+9 \\
\underline{-x+6} \\
3
\end{array}
$$

よって，商は x^2-2x-1
余りは **3**

【別解】 組立除法を利用すると，

$$
\begin{array}{r|rrrr}
6 & 1 & -8 & 11 & 9 \\
  &   & 6 & -12 & -6 \\
\hline
  & 1 & -2 & -1 & \boxed{3}
\end{array}
$$

よって，商は x^2-2x-1
余りは **3**

答 **（ク）2 （ケ）1 （コ）3**

(5) 余弦定理 $CA^2 = AB^2 + BC^2 - 2AB \cdot BC \cdot \cos B$ より,

$$CA^2 = 36 + 49 - 2 \cdot 6 \cdot 7 \cdot \frac{3}{4}$$
$$= 36 + 49 - 63$$
$$= 22$$

$CA > 0$ より, $CA = \sqrt{22}$

答 （サ）2 （シ）2

【参考】余弦定理

$$a^2 = b^2 + c^2 - 2bc \cos A$$

(6) 等差数列 $\{a_n\}$ の初項を a, 公差を d とすると,

$$a_n = a + (n-1)d$$

$a_2 = 1$, $a_9 = -27$ より,

$$\begin{cases} a + (2-1)d = 1 & \cdots\cdots ① \\ a + (9-1)d = -27 & \cdots\cdots ② \end{cases}$$

②$-$① より, $7d = -28$ で, $d = -4$。これにより, $a = 5$。

$$a_n = 5 + (n-1) \times (-4) = -4n + 9$$

答 （ス）－ （セ）4 （ソ）9

---

2 放物線 $y = x^2 - 6x + 7$ ……① について, 次の問いに答えなさい。

(1) 放物線①の頂点は, 点 ア である。 ア に最も適するものを下の選択肢から選び, 番号で答えなさい。

〈選択肢〉

① $(6, 7)$　　② $(-6, 7)$　　③ $(3, -2)$　　④ $(-3, 16)$

⑤ $(6, 2)$　　⑥ $(-6, -2)$　　⑦ $(3, 16)$　　⑧ $(-3, -2)$

(2) $1 \leqq x \leqq 4$ のとき, y の

　　最大値は イ

　　最小値は ウ エ

である。

(3) 放物線①を x 軸方向に a, y 軸方向に -23 だけ平行移動すると, 原点を通る放物線となる。このとき

　　$a = $ オ

である。ただし, $a > 0$ とする。

[解 答]

(1)

$$y = x^2 - 6x + 7$$
$$= (x-3)^2 - 9 + 7$$
$$= (x-3)^2 - 2$$

より, 放物線①の頂点は, $(3, -2)$

したがって, 選択肢の ③ である。

【参考】2次関数の軸と頂点

$y = a(x-p)^2 + q$ において,

　軸：直線 $x = p$　　頂点：(p, q)

答 （ア）③

(2)　(1)より，放物線は軸が直線 $x=3$ で，下に凸なので，頂点で最小値を
とる。

定義域 $1 \leqq x \leqq 4$ で軸から最も離れているのは $x=1$ のときなので，
$x=1$ で最大値をとる。
$$y=1^2-6\times1+7=2$$
すなわち，最大値は **2**，最小値は **−2**

答（イ）2　（ウ）**−**　（エ）**2**

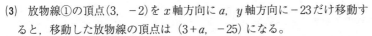

(3)　放物線①の頂点 $(3,\ -2)$ を x 軸方向に a，y 軸方向に -23 だけ移動す
ると，移動した放物線の頂点は $(3+a,\ -25)$ になる。

すなわち，平行移動した放物線は，$y=(x-3-a)^2-25$

この放物線は原点を通るので，
$$0=(0-3-a)^2-25$$
$$(-3-a)^2=25$$
$$-3-a=\pm5$$
$$a=-8,\ 2$$
$a>0$ より，$a=\mathbf{2}$

答（オ）2

【別解】　x 軸方向に a，y 軸方向に -23 だけ平行移動するこ
とは，①の式の x に $x-a$ を代入し，y に $y+23$ を
代入すればよい。すなわち，
$$y+23=(x-a)^2-6(x-a)+7$$
これが原点を通るので，
$$23=a^2+6a+7$$
$$a^2+6a-16=0$$
$$(a-2)(a+8)=0$$
$a>0$ より，$a=2$

┌─【参考】グラフの平行移動─┐
関数 $y=f(x)$ のグラフを x
軸方向へ p，y 軸方向へ q だけ
平行移動したグラフの式は，
$$y-q=f(x-p)$$
└─────────────┘

3 袋の中に赤球3個と白球4個の全部で7個の球が入っている。赤球には2, 4, 6の数字, 白球には1, 3, 5, 7の数字が1つずつ書かれている。この袋から同時に2個の球を取り出すとき, 次の問いに答えなさい。

(1) 2個の球の取り出し方は全部で

$\boxed{ア}\boxed{イ}$ 通り

ある。

(2) 取り出した2個の球の色が異なる確率は

$\dfrac{\boxed{ウ}}{\boxed{エ}}$

である。

(3) 取り出した2個の球に書かれた数字の和が6以上である確率は

$\dfrac{\boxed{オ}\boxed{カ}}{\boxed{キ}\boxed{ク}}$

である。

解 説

(1) 全て区別のできる球なので, 7個から2個を取り出す組合せである。

$$_7C_2 = \frac{7 \cdot 6}{2 \cdot 1} = 21 \text{ (通り)}$$

答 (ア) 2 (イ) 1

(2) 取り出した2個の球の色が異なるので, 1個目が赤球, 2個目が白球である確率は,

$$\frac{3}{7} \times \frac{4}{6} = \frac{2}{7}$$

また, 1個目が白球, 2個目が赤球である確率は, $\dfrac{4}{7} \times \dfrac{3}{6} = \dfrac{2}{7}$

すなわち, 2個の球の色が異なる確率は, $\dfrac{2}{7} + \dfrac{2}{7} = \dfrac{4}{7}$

答 (ウ) 4 (エ) 7

【別解】 赤球を1個, 白球を1個取り出す組合せは, $_3C_1 \times _4C_1$ 通り。

よって, 求める確率は,

$$\frac{_3C_1 \times _4C_1}{_7C_2} = \frac{12}{21} = \frac{4}{7}$$

(3) 2個の数字の和が5以下である場合は, 1と2, 1と3, 1と4, 2と3 の4通りである。

すなわち, 6以上である確率は,

$$1 - \frac{4}{21} = \frac{17}{21}$$

答 (オ) 1 (カ) 7 (キ) 2 (ク) 1

【別解】 右の表から，和が6以上の出方は34通りなので，

$$\frac{34}{{}_7\mathrm{P}_2} = \frac{17}{21}$$

※(3)の最初の解法は「余事象と組合せ」で考えており，
別解は「数え上げと順列」で考えていることになる。

	1	2	3	4	5	6	7
1		3	4	5	6	7	8
2	3		5	6	7	8	9
3	4	5		7	8	9	10
4	5	6	7		9	10	11
5	6	7	8	9		11	12
6	7	8	9	10	11		13
7	8	9	10	11	12	13	

---

4 円 $x^2 + y^2 - 2x + 6y - 15 = 0$ ……①

について，次の問いに答えなさい。

(1) 円①の中心の座標は（ $\boxed{ア}$ ， $\boxed{イウ}$ ）で，半径は $\boxed{エ}$ である。

(2) 円①と x 軸との交点を A，B とすると，2点 A，B の座標は

　　　　A($-\boxed{オ}$, 0)，B($\boxed{カ}$, 0)

　　である。

(3) 円①上の点 P(4, -7) における円①の接線の方程式は

　　　　$\boxed{キ}\,x - \boxed{ク}\,y = 40$

　　である。

解　答

(1) 円①の式 $x^2 + y^2 - 2x + 6y - 15 = 0$ を，
x, y のそれぞれで平方完成する。

$$(x-1)^2 + (y+3)^2 - 10 - 15 = 0$$
$$(x-1)^2 + (y+3)^2 = 5^2$$

すなわち，円①の中心の座標は（1，-3）で，半径は5

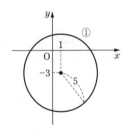

答 （ア）1 （イ）$-$ （ウ）3 （エ）5

【参考】円の方程式

中心 (p, q)，半径 r の円の方程式は，

$$(x-p)^2 + (y-q)^2 = r^2$$

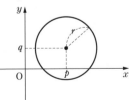

(2) x軸との交点では，①の式において $y=0$ となるので，

$$x^2-2x-15=0$$
$$(x+3)(x-5)=0$$
$$x=-3,\ 5$$

すなわち，A$(-3,\ 0)$，B$(5,\ 0)$

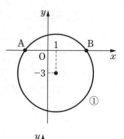

答 <u>（オ）3　（カ）5</u>

(3) P$(4,\ -7)$ は円上の接点なので，円の接線の方程式を用いて，

$$(4-1)(x-1)+(-7+3)(y+3)=25$$
$$3x-3-4y-12=25$$
$$3x-4y=40$$

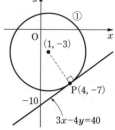

答 <u>（キ）3　（ク）4</u>

──【参考】円の接線の方程式──

円 $(x-p)^2+(y-q)^2=r^2$ の接線の方程式は，
接点を $(a,\ b)$ とすると，

$$(a-p)(x-p)+(b-q)(y-q)=r^2$$

である。

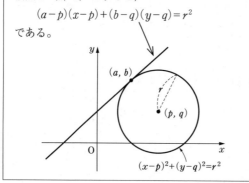

【別解】　円①の中心を C とすると，直線 CP の傾きは

$$\frac{-7-(-3)}{4-1}=-\frac{4}{3}$$

求める接線は直線 CP と垂直に交わるので，その傾きは $\dfrac{3}{4}$ である。

点 P$(4,\ -7)$を通り，傾き $\dfrac{3}{4}$ の直線の方程式は，

$$y-(-7)=\frac{3}{4}(x-4)$$
$$4y+28=3x-12$$
$$3x-4y=40$$

5 次の各問いに答えなさい。

(1) $\sin\theta - \sqrt{3}\cos\theta = \boxed{\text{ア}}\ \sin\left(\theta - \dfrac{\pi}{\boxed{\text{イ}}}\right)$

　　である。ただし，$0 < \dfrac{\pi}{\boxed{\text{イ}}} < \pi$ とする。

(2) $0 < \alpha < \dfrac{\pi}{2}$，$0 < \beta < \dfrac{\pi}{2}$ のとき，$\sin\alpha = \dfrac{5}{13}$，$\cos\beta = \dfrac{3}{5}$ ならば

　　$\cos(\alpha + \beta) = \dfrac{\boxed{\text{ウ}}\,\boxed{\text{エ}}}{\boxed{\text{オ}}\,\boxed{\text{カ}}}$

　　である。

(3) $0 \leqq \theta < 2\pi$ のとき，不等式 $2\sin\theta + \sqrt{3} < 0$ を満たす θ の値の範囲は

　　$\boxed{\text{キ}} < \theta < \boxed{\text{ク}}$

　　である。

　　$\boxed{\text{キ}}$，$\boxed{\text{ク}}$ に最も適するものをそれぞれ下の選択肢から選び，番号で答えなさい。

　　　─〈選択肢〉─
　　　① 0　　② $\dfrac{\pi}{3}$　　③ $\dfrac{2}{3}\pi$　　④ $\dfrac{5}{6}\pi$

　　　⑤ $\dfrac{7}{6}\pi$　　⑥ $\dfrac{4}{3}\pi$　　⑦ $\dfrac{5}{3}\pi$　　⑧ 2π

〔解答〕

(1) 三角関数の合成をする。

$$\sin\theta - \sqrt{3}\cos\theta$$
$$= \sqrt{1+3}\ \sin\left(\theta - \frac{\pi}{3}\right)$$
$$= 2\sin\left(\theta - \frac{\pi}{3}\right)$$

答　（ア）2　（イ）3

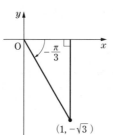

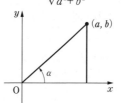

【参考】三角関数の合成

$a\sin\theta + b\cos\theta = \sqrt{a^2 + b^2}\,\sin(\theta + \alpha)$

ただし，$\sin\alpha = \dfrac{b}{\sqrt{a^2 + b^2}}$，

　　　　　$\cos\alpha = \dfrac{a}{\sqrt{a^2 + b^2}}$

(2) $0<\alpha<\dfrac{\pi}{2}$, $0<\beta<\dfrac{\pi}{2}$ より,

$0<\cos\alpha<1$, $0<\sin\beta<1$ なので,

$$\cos\alpha=\sqrt{1-\sin^2\alpha}=\sqrt{1-\dfrac{25}{169}}=\dfrac{12}{13}$$

$$\sin\beta=\sqrt{1-\cos^2\beta}=\sqrt{1-\dfrac{9}{25}}=\dfrac{4}{5}$$

加法定理より,

$$\cos(\alpha+\beta)=\cos\alpha\cos\beta-\sin\alpha\sin\beta$$

$$=\dfrac{12}{13}\cdot\dfrac{3}{5}-\dfrac{5}{13}\cdot\dfrac{4}{5}$$

$$=\dfrac{16}{65}$$

【参考】加法定理

$$\sin(\alpha+\beta)=\sin\alpha\cos\beta+\cos\alpha\sin\beta$$

$$\sin(\alpha-\beta)=\sin\alpha\cos\beta-\cos\alpha\sin\beta$$

$$\cos(\alpha+\beta)=\cos\alpha\cos\beta-\sin\alpha\sin\beta$$

$$\cos(\alpha-\beta)=\cos\alpha\cos\beta+\sin\alpha\sin\beta$$

$$\tan(\alpha+\beta)=\dfrac{\tan\alpha+\tan\beta}{1-\tan\alpha\tan\beta}$$

$$\tan(\alpha-\beta)=\dfrac{\tan\alpha-\tan\beta}{1+\tan\alpha\tan\beta}$$

答（ウ）**1** （エ）**6** （オ）**6** （カ）**5**

(3) $2\sin\theta+\sqrt{3}<0$ より

$$\sin\theta<-\dfrac{\sqrt{3}}{2}$$

$0\leqq\theta<2\pi$ の範囲で $\sin\theta=-\dfrac{\sqrt{3}}{2}$ となるのは,

$$\theta=\dfrac{4}{3}\pi,\ \dfrac{5}{3}\pi$$

右図より, 不等式 $\sin\theta<-\dfrac{\sqrt{3}}{2}$ を満たす範囲は,

$$\dfrac{4}{3}\pi<\theta<\dfrac{5}{3}\pi$$

したがって, 選択肢の⑥と⑦である。

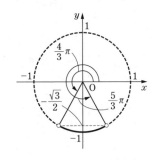

答（キ）⑥ （ク）⑦

---

6 次の各問いに答えなさい。

(1) $2^{x-2}=32$ のとき, $x=\boxed{\ \ \text{ア}\ \ }$ である。

(2) $\log_6 4+2\log_6 3=\boxed{\ \ \text{イ}\ \ }$ である。

(3) 不等式 $\log_3(4-x)+2<\log_3 3x$ の解は

$$\boxed{\ \ \text{ウ}\ \ }<x<\boxed{\ \ \text{エ}\ \ }$$

である。

【解 答】

(1) $32=2^5$ なので,

$$2^{x-2}=2^5$$

よって, $x-2=5$

$$x=7$$

答（ア）**7**

(2)
$$\begin{aligned}
\log_6 4 + 2\log_6 3 &= \log_6 4 + \log_6 9 \\
&= \log_6 36 \\
&= \log_6 6^2 \\
&= 2\log_6 6 \\
&= \mathbf{2}
\end{aligned}$$

答（**イ**）**2**

【参考】対数関数の性質

和：$\log_a x + \log_a y = \log_a xy$

差：$\log_a x - \log_a y = \log_a \dfrac{x}{y}$

定数倍：$k\log_a x = \log_a x^k$

底の変換：$\log_x y = \dfrac{\log_a y}{\log_a x}$ （$a>0$）

(3) 不等式 $\log_3(4-x) + 2 < \log_3 3x$ において，
真数条件により，$4-x>0$，$3x>0$
したがって，$0<x<4$ ……①
$$\log_3(4-x) + 2 < \log_3 3x$$
$$\log_3(4-x) + \log_3 9 < \log_3 3x$$
$$\log_3 9(4-x) < \log_3 3x$$
底は 1 より大きいので，
$$9(4-x) < 3x$$
$$-12x < -36$$
$$x>3 \quad ……②$$
①，②を共に満たす範囲は，$\mathbf{3<x<4}$

【参考】対数の真数条件

対数における真数は正でなければならない。すなわち，対数 $\log_a x$ は $x>0$ でなければならない。

【参考】底の範囲と不等式

$a>1$ のとき，
$$\log_a x > \log_a y \;\Leftrightarrow\; x>y$$
$0<a<1$ のとき，
$$\log_a x > \log_a y \;\Leftrightarrow\; x<y$$

答（**ウ**）**3** （**エ**）**4**

---

7 次の各問いに答えなさい。

(1) 3次関数 $y = x^3 - 12x^2 + 21x + 3$ ……① について

(i) y は $x = \boxed{\text{ア}}$ のとき，極大値 $\boxed{\text{イ}}\boxed{\text{ウ}}$ をとる。

(ii) 関数①のグラフと y 軸との交点を P とする。点 P における①のグラフの接線の方程式は
$$y = \boxed{\text{エ}}\boxed{\text{オ}}\,x + 3$$
である。

(2) 放物線 $y = x^2 - 5x + 4$ と x 軸，および y 軸で囲まれた右の 2 つの斜線部分の面積の和は
$$\frac{\boxed{\text{カ}}\boxed{\text{キ}}}{\boxed{\text{ク}}}$$
である。

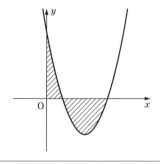

解 答

(1) $y = x^3 - 12x^2 + 21x + 3$ ……① を x で微分する。

$\quad\quad\quad y' = 3x^2 - 24x + 21$ ……②

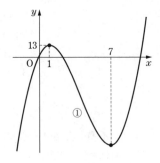

(ⅰ) $y' = 0$ のとき,

$\quad\quad 3x^2 - 24x + 21 = 0$

$\quad\quad x^2 - 8x + 7 = 0$

$\quad\quad (x-1)(x-7) = 0$

$\quad\quad x = 1,\ 7$

x	$\cdots$	1	$\cdots$	7	$\cdots$
y'	$+$	0	$-$	0	$+$
y	↗	13 極大	↘	極小	↗

すなわち,$x = 1,\ 7$ で極値をとる。

右の図のように $x = 1$ のとき極大値をとる。

$\quad\quad\quad y = 1^3 - 12 \cdot 1^2 + 21 \cdot 1 + 3$

$\quad\quad\quad\quad = \boldsymbol{13}$

($x = 7$ で極小値をとる。)

答 **(ア) 1　(イ) 1　(ウ) 3**

(ⅱ) ①のグラフと y 軸との交点は $x = 0$ のときを考えればよい。

すなわち,P$(0,\ 3)$

また,②において $x = 0$ とすると,$y' = 21$ なので,

接線は,傾きが21で,P$(0,\ 3)$ を通るので,

$\quad\quad\quad y = \boldsymbol{21}x + \boldsymbol{3}$

答 **(エ) 2　(オ) 1**

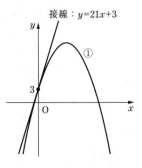

接線：$y = 21x + 3$

(2) まず，放物線と x 軸との交点を求める。

　放物線 $y=x^2-5x+4$ において，$y=0$ のとき，

$$x^2-5x+4=0$$

$$(x-1)(x-4)=0$$

$$x=1, \ 4$$

　よって，放物線と x 軸との交点は $(1,\ 0)$ と $(4,\ 0)$ なので，求める面積は下の図のようになる。

　右図の A の部分は上の関数が放物線 $y=x^2-5x+4$ で，下の関数が直線 $y=0$ なので，面積は

$$\int_0^1 \{(x^2-5x+4)-0\}\,dx=\left[\frac{1}{3}x^3-\frac{5}{2}x^2+4x\right]_0^1$$

$$=\left(\frac{1}{3}-\frac{5}{2}+4\right)-0$$

$$=\frac{11}{6}$$

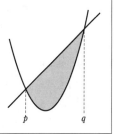

　次に B の部分は上の関数が直線 $y=0$ で，下の関数が放物線 $y=x^2-5x+4$ なので，面積は

$$\int_1^4 \{0-(x^2-5x+4)\}\,dx=\left[-\frac{1}{3}x^3+\frac{5}{2}x^2-4x\right]_1^4$$

$$=\left(-\frac{64}{3}+40-16\right)-\left(-\frac{1}{3}+\frac{5}{2}-4\right)$$

$$=\frac{9}{2}$$

　A と B の面積の和は，

$$\frac{11}{6}+\frac{9}{2}=\frac{19}{3}$$

答（カ）1　（キ）9　（ク）3

【別解】 B の部分については，右の公式を使うと，

$$\frac{1}{6}(4-1)^3=\frac{9}{2}$$

と求めることができる。

┌─【参考】放物線と直線で囲まれる面積─

　放物線 $y=x^2+bx+c$ と直線 $y=mx+n$ の交点の x 座標が p, $q\,(p<q)$ であるとき，放物線と直線で囲まれる部分の面積は，

$$\frac{1}{6}(q-p)^3$$

8 次の各問いに答えなさい。

(1) $\vec{a}=(1,\ -2)$, $\vec{b}=(-5,\ -3)$ のとき

$$2\vec{a}-\vec{b}=(\boxed{\ \text{ア}\ },\ \boxed{\ \text{イ}\ |\ \text{ウ}\ })$$

$$\vec{a}\cdot\vec{b}=\boxed{\ \text{エ}\ }$$

である。

(2) 2つのベクトル $(-4,\ x)$, $(2,\ 3-x)$ が平行であるとき

$$x=\boxed{\ \text{オ}\ }$$

である。

(3) △ABC において，辺 BC を 2：3 に内分する点を P，辺 AC の中点を Q とし，線分 AP と線分 BQ の交点を R とする。このとき，$\overrightarrow{AR}$ を $\overrightarrow{AB}$ と $\overrightarrow{AC}$ を用いて表すと

$$\overrightarrow{AR}=\frac{\boxed{\ \text{カ}\ }}{\boxed{\ \text{キ}\ }}\overrightarrow{AB}+\frac{\boxed{\ \text{ク}\ }}{\boxed{\ \text{キ}\ }}\overrightarrow{AC}$$

である。

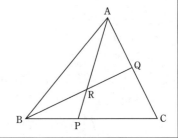

解　答

(1) $\vec{a}=(1,\ -2)$, $\vec{b}=(-5,\ -3)$ なので，

$$\begin{aligned}2\vec{a}-\vec{b}&=2(1,\ -2)-(-5,\ -3)\\&=(2,\ -4)-(-5,\ -3)\\&=(2-(-5),\ -4-(-3))\\&=(\mathbf{7},\ \mathbf{-1})\end{aligned}$$

また，内積 $\vec{a}\cdot\vec{b}$ について，

$$\begin{aligned}\vec{a}\cdot\vec{b}&=1\times(-5)+(-2)\times(-3)\\&=-5+6\\&=\mathbf{1}\end{aligned}$$

【参考】ベクトルの内積

$\vec{a}=(a_1,\ a_2)$, $\vec{b}=(b_1,\ b_2)$ とするとき，内積 $\vec{a}\cdot\vec{b}$ は

$$\vec{a}\cdot\vec{b}=a_1 b_1+a_2 b_2$$

答（**ア**）**7** （**イ**）**−** （**ウ**）**1** （**エ**）**1**

(2) 2つのベクトルが平行であれば，一方を何倍かすることでもう一方と重ねることができる。

$k(-4,\ x)=(2,\ 3-x)$ とおくことができるので，

$$\begin{cases}-4k=2 & \cdots\cdots① \\ kx=3-x & \cdots\cdots②\end{cases}$$

①より，$k=-\dfrac{1}{2}$。②に代入し，

$$-\frac{1}{2}x=3-x$$

$$\frac{1}{2}x=3$$

$$x=\mathbf{6}$$

【参考】ベクトルの平行

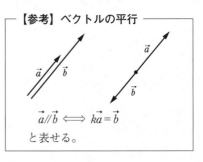

$$\vec{a}/\!/\vec{b}\iff k\vec{a}=\vec{b}$$

と表せる。

答（**オ**）**6**

(3) $\overrightarrow{\mathrm{AR}}$ を未定数を用いた2通り
の表し方で表現し，方程式を立
てる。

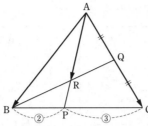

まず，$\overrightarrow{\mathrm{AP}}$ は $\overrightarrow{\mathrm{AB}}$ と $\overrightarrow{\mathrm{AC}}$ を
2:3に内分したベクトルなので，

$$\overrightarrow{\mathrm{AP}}=\frac{3\overrightarrow{\mathrm{AB}}+2\overrightarrow{\mathrm{AC}}}{5}$$

【参考】ベクトルの内分

$\overrightarrow{\mathrm{AB}}$ と $\overrightarrow{\mathrm{AC}}$ を $m:n$ に内分する
ベクトルは，

$\dfrac{n\overrightarrow{\mathrm{AB}}+m\overrightarrow{\mathrm{AC}}}{m+n}$ と表せる。

$\overrightarrow{\mathrm{AR}}$ は $\overrightarrow{\mathrm{AP}}$ の定数倍なので，$\mathrm{AR:RP}=s:1-s$ $(0<s<1)$
とすると，

$$\overrightarrow{\mathrm{AR}}=s\overrightarrow{\mathrm{AP}}=s\cdot\frac{3\overrightarrow{\mathrm{AB}}+2\overrightarrow{\mathrm{AC}}}{5}=\frac{3}{5}s\overrightarrow{\mathrm{AB}}+\frac{2}{5}s\overrightarrow{\mathrm{AC}} \quad\cdots\cdots①$$

と表せる。

次に，$\overrightarrow{\mathrm{BQ}}=\overrightarrow{\mathrm{AQ}}-\overrightarrow{\mathrm{AB}}=-\overrightarrow{\mathrm{AB}}+\dfrac{1}{2}\overrightarrow{\mathrm{AC}}$ であり，

$\overrightarrow{\mathrm{BR}}$ は $\overrightarrow{\mathrm{BQ}}$ の定数倍なので，$\mathrm{BR:RQ}=t:1-t$ $(0<t<1)$ とすると，

$$\begin{aligned}\overrightarrow{\mathrm{AR}}&=\overrightarrow{\mathrm{AB}}+\overrightarrow{\mathrm{BR}}\\&=\overrightarrow{\mathrm{AB}}+t\overrightarrow{\mathrm{BQ}}\\&=\overrightarrow{\mathrm{AB}}+t\left(-\overrightarrow{\mathrm{AB}}+\frac{1}{2}\overrightarrow{\mathrm{AC}}\right)\\&=(1-t)\overrightarrow{\mathrm{AB}}+\frac{1}{2}t\overrightarrow{\mathrm{AC}} \quad\cdots\cdots②\end{aligned}$$

①と②は同じベクトルを表すので，$\overrightarrow{\mathrm{AB}}$ と $\overrightarrow{\mathrm{AC}}$ の係数がそれぞれ一致する。

$$\begin{cases}\dfrac{3}{5}s=1-t &\cdots\cdots③\\[2mm]\dfrac{2}{5}s=\dfrac{1}{2}t &\cdots\cdots④\end{cases}$$

④より，$t=\dfrac{4}{5}s$ で，③に代入すると，

$$\frac{3}{5}s=1-\frac{4}{5}s$$

$$s=\frac{5}{7}$$

これを①に代入すると，

$$\overrightarrow{\mathrm{AR}}=\frac{3}{5}\cdot\frac{5}{7}\overrightarrow{\mathrm{AB}}+\frac{2}{5}\cdot\frac{5}{7}\overrightarrow{\mathrm{AC}}=\frac{3}{7}\overrightarrow{\mathrm{AB}}+\frac{2}{7}\overrightarrow{\mathrm{AC}}$$

答 **(カ)** 3 **(キ)** 7 **(ク)** 2

数学　9月実施　文系　　正解と配点

問題番号	設問	正解	配点
1	(1)	ア 2	2
		イ 2	
		ウ 5	2
		エ 6	
	(2)	オ 4	4
	(3)	カ 2	4
		キ 3	
	(4)	ク 2	4
		ケ 1	
		コ 3	
	(5)	サ 2	4
		シ 2	
	(6)	ス —	4
		セ 4	
		ソ 9	
2	(1)	ア ③	3
	(2)	イ 2	2
		ウ —	2
		エ 2	
	(3)	オ 2	4
3	(1)	ア 2	3
		イ 1	
	(2)	ウ 4	4
		エ 7	
	(3)	オ 1	4
		カ 7	
		キ 2	
		ク 1	
4	(1)	ア 1	2
		イ —	
		ウ 3	
		エ 5	2
	(2)	オ 3	3
		カ 5	
	(3)	キ 3	4
		ク 4	

問題番号	設問		正解	配点
5	(1)		ア 2	3
			イ 3	
	(2)		ウ 1	4
			エ 6	
			オ 6	
			カ 5	
	(3)		キ ⑥	4
			ク ⑦	
6	(1)		ア 7	3
	(2)		イ 2	3
	(3)		ウ 3	4
			エ 4	
7	(1)	(i)	ア 1	2
			イ 1	2
			ウ 3	
		(ii)	エ 2	3
			オ 1	
	(2)		カ 1	4
			キ 9	
			ク 3	
8	(1)		ア 7	2
			イ —	
			ウ 1	
			エ 1	2
	(2)		オ 6	3
	(3)		カ 3	4
			キ 7	
			ク 2	

令和元年度　9月実施　理系　解答と解説

1
次の各問いに答えなさい。

(1) 2次関数 $y = x^2 + 2x - 9$ のグラフを x 軸方向に -2，y 軸方向に 4 だけ平行移動したグラフを表す式は

$$y = x^2 + \boxed{\text{ア}}\, x + \boxed{\text{イ}}$$

である。

(2) $x^3 = (x-1)^3 + a(x-1)^2 + b(x-1) + c$ が x についての恒等式であるとき

$$a = \boxed{\text{ウ}}, \quad b = \boxed{\text{エ}}, \quad c = \boxed{\text{オ}}$$

である。

(3) 3辺の長さが 4，6，8 である三角形の3つの角のうち最小のものの大きさを θ とすると

$$\cos\theta = \frac{\boxed{\text{カ}}}{\boxed{\text{キ}}}$$

である。

(4) 円 $x^2 + y^2 + 2x - 4y - 20 = 0$ 上の点 $(2, 6)$ における接線の方程式は

$$\boxed{\text{ク}}\, x + \boxed{\text{ケ}}\, y = 30$$

である。

(5) $\dfrac{17 - 9i}{2 + i} = \boxed{\text{コ}} - \boxed{\text{サ}}\, i$ である。ただし，i は虚数単位とする。

(6) $|\vec{a}| = 3$，$|\vec{b}| = 2$，$\vec{a} \cdot \vec{b} = 1$ のとき，$\vec{a} + \vec{b}$ と $\vec{a} - t\vec{b}$ が垂直になるように実数 t の値を定めると，

$$t = \boxed{\text{シ}}$$ である。

(7) 楕円 $\dfrac{x^2}{4} + \dfrac{y^2}{9} = 1$ の2つの焦点の座標は $\boxed{\text{ス}}$ である。$\boxed{\text{ス}}$ に最も適するものを下の選択肢から選び，番号で答えなさい。

〈選択肢〉
① $(\pm\sqrt{5},\ 0)$ 　　② $(\pm 5,\ 0)$ 　　③ $(\pm\sqrt{13},\ 0)$ 　　④ $(\pm 13,\ 0)$
⑤ $(0,\ \pm\sqrt{5})$ 　　⑥ $(0,\ \pm 5)$ 　　⑦ $(0,\ \pm\sqrt{13})$ 　　⑧ $(0,\ \pm 13)$

(8) $\displaystyle\lim_{x \to 0} \frac{\sqrt{2x+9} - 3}{\sqrt{x+4} - 2} = \frac{\boxed{\text{セ}}}{\boxed{\text{ソ}}}$ である。

(1)　2次関数 $y=x^2+2x-9$ を平方完成すると，

$$y=(x+1)^2-10$$

よって，このグラフの頂点は点$(-1, -10)$ である。

x軸方向に-2，y軸方向に4だけ平行移動したグラフの頂点は，

$$(-1-2, -10+4)$$

すなわち，$(-3, -6)$ であるから，求めるグラフの式は，

$$y=(x+3)^2-6$$
$$=x^2+6x+3$$

【参考】2次関数のグラフの頂点と軸

$y=a(x-p)^2+q$ のグラフにおいて，
頂点：点(p, q)
軸　：直線 $x=p$

答 (ア) 6　(イ) 3

【別解】　2次関数 $y=x^2+2x-9$ において，

x を $x+2$

y を $y-4$

に置き換えると，

$$y-4=(x+2)^2+2(x+2)-9$$

これを整理すると，

$$y=x^2+6x+3$$

【参考】グラフの平行移動

　関数 $y=f(x)$ のグラフを x 軸方向に p，y 軸方向に q だけ平行移動したグラフの式は，

$$y-q=f(x-p)$$

(2)　与式の右辺を展開すると

$$
\begin{aligned}
x^3 = x^3 & -3x^2 & +3x & -1 \\
& +ax^2 & -2ax & +a \\
& & +bx & -b \\
& & & +c
\end{aligned}
$$

【参考】3次式の展開公式

$$(a+b)^3=a^3+3a^2b+3ab^2+b^3$$
$$(a-b)^3=a^3-3a^2b+3ab^2-b^3$$

整理すると，

$$x^3=x^3+(a-3)x^2+(-2a+b+3)x+(a-b+c-1)$$

これが x についての恒等式だから，各項の係数を比較すると，

$$
\begin{cases}
a-3=0 \\
-2a+b+3=0 \\
a-b+c-1=0
\end{cases}
$$

これを解くと，$a=3$，$b=3$，$c=1$

答 (ウ) 3　(エ) 3　(オ) 1

【別解】 与えられた恒等式において,

x=1 のとき,

$$1=0+a\cdot0+b\cdot0+c$$

つまり, $c=1$ ……①

x=2 のとき,

$$8=1+a+b+c$$

つまり, $a+b+c=7$ ……②

x=0 のとき,

$$0=-1+a-b+c$$

つまり, $a-b+c=1$ ……③

①, ②, ③を連立方程式として解くと,

$$a=3,\ b=3,\ c=1$$

(3) 右のような △ABC を考えると, $\theta=\angle$ACB となる。

余弦定理より,

$$\cos\theta=\frac{6^2+8^2-4^2}{2\cdot6\cdot8}$$

$$=\frac{7}{8}$$

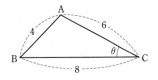

答 **（カ）7　（キ）8**

【参考】余弦定理

図の △ABC において,

$$c^2=a^2+b^2-2ab\cos\theta$$

これより,

$$\cos\theta=\frac{a^2+b^2-c^2}{2ab}$$

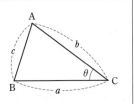

---

(4) $x^2+y^2+2x-4y-20=0$ を, x, y のそれぞれで平方完成する。

$$(x+1)^2+(y-2)^2=5^2$$

よって, 円の中心は (−1, 2) である。

また, 接点 (2, 6) と円の中心 (−1, 2) を通る直線の傾きは,

$$\frac{6-2}{2-(-1)}=\frac{4}{3}$$

これより, 求める接線は, 傾きが $-\dfrac{3}{4}$ で (2, 6) を通る直線

だから,

$$y-6=-\frac{3}{4}(x-2)$$

整理すると,

$$3x+4y=30$$

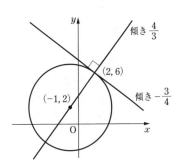

答 **（ク）3　（ケ）4**

【別解】 右の公式を利用すると，

円 $(x+1)^2+(y-2)^2=5^2$ 上の点 $(2, 6)$ における接線の方程式は，

$$(2+1)(x+1)+(6-2)(y-2)=5^2$$
$$3(x+1)+4(y-2)=25$$
$$3x+4y=30$$

┌─【参考】**円の接線の方程式**─────┐
円 $(x-a)^2+(y-b)^2=r^2$ 上の点 (p, q) における接線の方程式は，
$$(p-a)(x-a)+(q-b)(y-b)=r^2$$
└────────────────────┘

(5) 分母・分子に $2-i$ をかけると，

$$\frac{17-9i}{2+i}=\frac{(17-9i)(2-i)}{(2+i)(2-i)}$$

$$=\frac{34-17i-18i+9i^2}{4-i^2}$$

$$=\frac{25-35i}{5}$$

$$=\mathbf{5-7}\boldsymbol{i}$$

答（コ）**5**　（サ）**7**

(6) $\vec{a}+\vec{b}$ と $\vec{a}-t\vec{b}$ が垂直だから，
$$(\vec{a}+\vec{b})\cdot(\vec{a}-t\vec{b})=0$$
つまり，
$$|\vec{a}|^2+(1-t)\vec{a}\cdot\vec{b}-t|\vec{b}|^2=0$$
この式に，
$$|\vec{a}|=3,\ |\vec{b}|=2,\ \vec{a}\cdot\vec{b}=1$$
を代入すると，
$$9+(1-t)-4t=0$$
$$10-5t=0$$
$$t=\mathbf{2}$$

┌─【参考】**ベクトルの垂直と平行**─────┐
$\vec{a}\neq\vec{0}$, $\vec{b}\neq\vec{0}$ とする。
$\vec{a}$ と $\vec{b}$ が垂直であるとき，
　$\vec{a}\cdot\vec{b}=0$
$\vec{a}$ と $\vec{b}$ が平行であるとき，
　$\vec{a}=k\vec{b}$　（k は実数）
└────────────────────┘

答（シ）**2**

(7) 楕円 $\dfrac{x^2}{a^2}+\dfrac{y^2}{b^2}=1$ の焦点の座標は，$0<a<b$ のとき，$(0,\ \pm\sqrt{b^2-a^2})$ となる。

よって，$a=2$, $b=3$ のとき，
$$b^2-a^2=9-4=5$$
だから，焦点の座標は，$(0,\ \pm\sqrt{5})$
したがって，選択肢の⑤である。

答（ス）⑤

(8) 分母・分子に $(\sqrt{2x+9}+3)(\sqrt{x+4}+2)$ をそれぞれかけると，

$$\lim_{x \to 0} \frac{\sqrt{2x+9}-3}{\sqrt{x+4}-2} = \lim_{x \to 0} \frac{\sqrt{2x+9}-3}{\sqrt{x+4}-2} \cdot \frac{(\sqrt{2x+9}+3)(\sqrt{x+4}+2)}{(\sqrt{2x+9}+3)(\sqrt{x+4}+2)}$$

$$= \lim_{x \to 0} \frac{(2x+9)-9}{(x+4)-4} \cdot \frac{\sqrt{x+4}+2}{\sqrt{2x+9}+3}$$

$$= \lim_{x \to 0} 2 \cdot \frac{\sqrt{x+4}+2}{\sqrt{2x+9}+3}$$

$$= 2 \cdot \frac{2+2}{3+3}$$

$$= 2 \cdot \frac{4}{6}$$

$$= \frac{4}{3}$$

答（セ）4 （ソ）3

2 次の各問いに答えなさい。

(1) 756 の正の約数は全部で $\boxed{\text{ア}\ \text{イ}}$ 個ある。

(2) ある日の羽田空港の A 便と B 便について，預け入れ荷物の重さを調査し，そのデータを下のような箱ひげ図に表した。また，この日の A 便と B 便の預け入れ荷物の個数はそれぞれ30個と50個であった。下の選択肢のうち，これらの箱ひげ図から読み取れることとして正しいものは $\boxed{\text{ウ}}$ である。$\boxed{\text{ウ}}$ に最も適するものを下の選択肢から選び，番号で答えなさい。

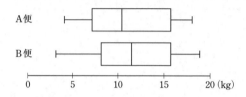

〈選択肢〉

① A 便の預け入れ荷物の重さの中央値は，B 便の預け入れ荷物の重さの中央値より大きい。

② A 便の預け入れ荷物の重さの四分位範囲は，B 便の預け入れ荷物の重さの四分位範囲より小さい。

③ B 便の預け入れ荷物のうち，重さが15kg以上のものは13個以上ある。

④ A 便の預け入れ荷物のうち，重さが10kg以下のものは15個より多い。

(3) 不定方程式
$$3x + 5y = 1$$
の整数解 x, y について，$2x - y$ が40に最も近い値となるのは $2x - y = \boxed{\text{エ}\ \text{オ}}$ のときである。

解 答

(1) 756を素因数分解すると，
$$756 = 2^2 \times 3^3 \times 7^1$$
よって，正の約数の個数は，
$$(2+1) \times (3+1) \times (1+1) = 3 \times 4 \times 2$$
$$= 24$$
より，**24個**

【参考】自然数の正の約数の個数

　自然数 N が
$$N = a^p \times b^q \times c^r$$
と素因数分解できるとき，正の約数の個数は，全部で $(p+1)(q+1)(r+1)$ 個ある。

答（ア）**2** （イ）**4**

(2) ① 中央値は B 便の方が大きいので誤り。

② 四分位範囲は B 便の方が小さいので誤り。

③ B 便の荷物は 50 個だから，B 便の第 3 四分位数は，大きいほうから 13 番目の値である。B 便の第 3 四分位数は 15kg より大きいから，重さが 15kg 以上あるものは，13 個以上ある。よって，③は正しい。

④ A 便の荷物は 30 個だから，A 便の中央値は，大きいほうから 15 番目と 16 番目の値の平均値である。A 便の中央値は 10kg より大きいから，重さが 10kg 以下のものは 15 個以下であるので誤り。

したがって，選択肢の③である。

答 （ウ）③

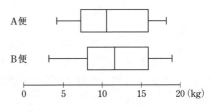

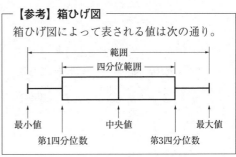

【参考】箱ひげ図

箱ひげ図によって表される値は次の通り。

(3) $$3x + 5y = 1 \qquad \cdots\cdots①$$

の整数解の1つは，

$$3 \times 2 + 5 \times (-1) = 1 \quad \cdots\cdots②$$

より，$x = 2$，$y = -1$ である。

①－②より，

$$3(x-2) + 5(y+1) = 0$$
$$3(x-2) = 5(-y-1)$$

3 と 5 は互いに素だから，$x-2$ は 5 の倍数，$-y-1$ は 3 の倍数である。

よって，整数 k を用いて，

$$x-2 = 5k, \quad -y-1 = 3k$$

つまり，

$$x = 5k+2, \quad y = -3k-1$$

と表せる。このとき，

$$2x - y = 2(5k+2) - (-3k-1)$$
$$= 13k+5$$

ここで，

$$k = 2 \text{ のとき，} 13k+5 = 31$$
$$k = 3 \text{ のとき，} 13k+5 = 44$$

であるから，$2x-y$ が 40 に最も近い値となるのは，**44**

答 （エ）4 （オ）4

$\boxed{3}$ Aは，赤球2個，白球1個が入った袋Pから同時に2個の球を，Bは，赤球1個，白球2個が入った袋Qから同時に2個の球を取り出して勝敗を決めるゲームを行う。2人が取り出した合計4個の球について，赤球と白球の個数が同じ場合はAの勝ち，異なる場合はBの勝ちとする。すべての球は区別できるものとして，次の問いに答えなさい。

(1) A，B2人の球の取り出し方について，起こりうる場合の数は全部で

$$\boxed{\text{ア}} \text{ 通り}$$

ある。

(2) Bが勝つ確率は $\dfrac{\boxed{\text{イ}}}{\boxed{\text{ウ}}}$ である。

(3) Aが勝ったときに，Aが白球を取り出している条件付き確率は

$$\dfrac{\boxed{\text{エ}}}{\boxed{\text{オ}}}$$

である。

【解　答】

(1) 異なる3個の球から同時に2個取り出す場合の数は，

$$_3C_2 = 3 \text{ （通り）}$$

A，Bそれぞれの球の取り出し方は3通りあるから，起こりうる場合の数は全部で，

$$3 \times 3 = 9 \text{ （通り）}$$

答（ア）**9**

(2) Aが赤2個を取り出す確率は，

$$\frac{_2C_2}{3} = \frac{1}{3}$$

Aが赤1個，白1個を取り出す確率は，

$$\frac{_2C_1 \times {}_1C_1}{3} = \frac{2}{3}$$

Bが白2個を取り出す確率は，

$$\frac{_2C_2}{3} = \frac{1}{3}$$

Bが赤1個，白1個を取り出す確率は，

$$\frac{_1C_1 \times {}_2C_1}{3} = \frac{2}{3}$$

Bが勝つ場合の取り出し方は，

「A：赤2個，B：赤1個，白1個」または「A：赤1個，白1個，B：白2個」

のいずれかの場合である。よって，求める確率は，

$$\frac{1}{3} \times \frac{2}{3} + \frac{2}{3} \times \frac{1}{3} = \frac{4}{9}$$

答（イ）**4**　（ウ）**9**

(3) 事象 X：A が勝つ

事象 Y：A が白球を取り出す

とすると，A が勝つ確率は，(2)より，

$$P(X) = 1 - \frac{4}{9} = \frac{5}{9}$$

A が白球を取り出して勝つのは，「A：赤1個，白1個，B：赤1個，白1個」を取り出す場合のみだから，その確率は，

$$P(X \cap Y) = \frac{2}{3} \times \frac{2}{3} = \frac{4}{9}$$

よって，求める確率は，

$$P_X(Y) = \frac{\dfrac{4}{9}}{\dfrac{5}{9}} = \frac{4}{5}$$

【参考】条件付き確率

事象 X が起こったときに事象 Y が起こる条件付き確率 $P_X(Y)$ は，

$$P_X(Y) = \frac{P(X \cap Y)}{P(X)}$$

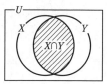

答（エ）4　（オ）5

4

次の各問いに答えなさい。

(1)　3次関数 $y = -2x^3 + 3x^2 + 12x + 5$ について

極大値は $\boxed{ア}\boxed{イ}$，極小値は $\boxed{ウ}\boxed{エ}$

である。

(2)　右の図のように関数

$$y = x^2 \quad (0 \leqq x \leqq 1) \quad \cdots\cdots①$$

のグラフ上に点 $P(a, a^2)$ があり，P を通り，y 軸に垂直な直線を l とする。①のグラフと y 軸および直線 l で囲まれた領域の面積を $S(a)$ とするとき

$$S(a) = \frac{\boxed{オ}}{\boxed{カ}} a^3$$

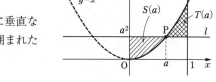

である。

さらに，①のグラフと直線 $x=1$ および直線 l で囲まれた図形の面積を $T(a)$ とするとき，$S(a) = T(a)$ となるのは

$$a = \frac{\sqrt{\boxed{キ}}}{\boxed{ク}}$$

のときである。ただし，$0 < a < 1$ とする。

(1)　$y = -2x^3 + 3x^2 + 12x + 5$ より,

$$y' = -6x^2 + 6x + 12$$
$$= -6(x+1)(x-2)$$

$y' = 0$ となるのは, $x = -1$, 2 のときであり,

y の増減表は次のようになる。

x	$\cdots$	-1	$\cdots$	2	$\cdots$
y'	$-$	0	$+$	0	$-$
y	↘	極小	↗	極大	↘

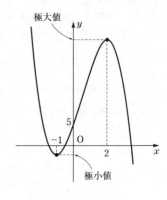

よって,

$x = 2$ のとき,

極大値は, $y = -2 \cdot 2^3 + 3 \cdot 2^2 + 12 \cdot 2 + 5 = \mathbf{25}$

$x = -1$ のとき,

極小値は, $y = -2 \cdot (-1)^3 + 3 \cdot (-1)^2 + 12 \cdot (-1) + 5 = \mathbf{-2}$

である。

答 （ア）**2**　（イ）**5**　（ウ）**−**　（エ）**2**

(2)　①のグラフと y 軸, 直線 l で囲まれた図形の面積 $S(a)$ は,

$$S(a) = \int_0^a (a^2 - x^2)\,dx$$
$$= \left[a^2 x - \frac{1}{3}x^3 \right]_0^a$$
$$= a^3 - \frac{a^3}{3}$$
$$= \frac{2}{3}a^3$$

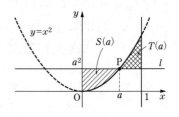

また, ①のグラフと直線 $x = 1$, 直線 l で囲まれた図形の面積 $T(a)$ は,

$$T(a) = \int_a^1 (x^2 - a^2)\,dx$$
$$= \left[\frac{1}{3}x^3 - a^2 x \right]_a^1$$
$$= \left(\frac{1}{3} - a^2 \right) - \left(\frac{1}{3}a^3 - a^3 \right)$$
$$= \frac{2}{3}a^3 - a^2 + \frac{1}{3}$$

よって, $S(a) = T(a)$ となるのは,

$$\frac{2}{3}a^3 = \frac{2}{3}a^3 - a^2 + \frac{1}{3}$$
$$a^2 = \frac{1}{3}$$

$0 < a < 1$ より, $a = \dfrac{\sqrt{3}}{3}$

答 （オ）**2**　（カ）**3**　（キ）**3**　（ク）**3**

5 次の各問いに答えなさい。

(1) $\sqrt[6]{4} \times \sqrt[3]{32} = \boxed{\text{ア}}$ である。

(2) 不等式 $\log_{\frac{1}{3}}(6-x) < \log_{\frac{1}{3}} x$ の解は
$$\boxed{\text{イ}} < x < \boxed{\text{ウ}}$$
である。

(3) $0 \leqq x \leqq 3$ のとき,関数
$$y = 4^x - 2^{x+2} + 8$$
の最大値は $\boxed{\text{エ}\ \text{オ}}$,最小値は $\boxed{\text{カ}}$ である。

解 答

(1) $\sqrt[6]{4} \times \sqrt[3]{32} = (2^2)^{\frac{1}{6}} \times (2^5)^{\frac{1}{3}}$

$\qquad = 2^{\frac{1}{3}} \times 2^{\frac{5}{3}}$

$\qquad = 2^{\frac{1}{3} + \frac{5}{3}}$

$\qquad = 2^2$

$\qquad = 4$

答 (ア) **4**

(2) $\qquad \log_{\frac{1}{3}}(6-x) < \log_{\frac{1}{3}} x \quad \cdots\cdots ①$

真数条件より,$6-x>0$ かつ $x>0$

つまり,$0<x<6 \quad \cdots\cdots ②$

①において,底 $\dfrac{1}{3}$ は1より小さいから,

$\qquad 6-x>x$

$\qquad -2x>-6$

$\qquad x<3 \quad\quad \cdots\cdots ③$

②,③の共通範囲を求めると,

$\qquad 0<x<3$

答 (イ) **0** (ウ) **3**

(3) $\qquad y = 4^x - 2^{x+2} + 8$

$\qquad = (2^2)^x - 2^x \cdot 2^2 + 8$

$\qquad = (2^x)^2 - 4 \cdot 2^x + 8$

$2^x = X$ とおくと,$0 \leqq x \leqq 3$ より,

$\qquad 2^0 \leqq 2^x \leqq 2^3$

つまり,

$\qquad 1 \leqq X \leqq 8$

このとき,

$\qquad y = X^2 - 4X + 8$

$\qquad = (X-2)^2 + 4$

よって，右図より，

$X = 2^x = 8$　すなわち　$x = 3$ のとき，

最大値は，$y = (8-2)^2 + 4 = \mathbf{40}$

$X = 2^x = 2$　すなわち　$x = 1$ のとき，

最小値は，$y = (2-2)^2 + 4 = 4$

である。

答（エ）**4**　（オ）**0**　（カ）**4**

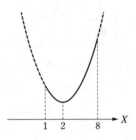

---

6 次の各問いに答えなさい。

(1)　$\sqrt{2}\sin\theta + \sqrt{2}\cos\theta = \boxed{\text{ア}}\sin\left(\theta + \dfrac{\pi}{\boxed{\text{イ}}}\right)$

　　である。ただし，$0 < \dfrac{\pi}{\boxed{\text{イ}}} < \pi$ とする。

(2)　α は鋭角，β は鈍角で，$\cos\alpha = \dfrac{1}{2}$，$\cos\beta = -\dfrac{1}{7}$ のとき

　　　$\cos(\alpha - \beta) = \boxed{\text{ウ}}$

　　である。

　　　$\boxed{\text{ウ}}$ に最も適するものを下の選択肢から選び，番号で答えなさい。

　　┌─〈選択肢〉─────────────────────────
　　│ ① $\dfrac{5}{14}$　　② $\dfrac{9}{14}$　　③ $\dfrac{11}{14}$　　④ $\dfrac{13}{14}$
　　│
　　│ ⑤ $-\dfrac{5}{14}$　　⑥ $-\dfrac{9}{14}$　　⑦ $-\dfrac{11}{14}$　　⑧ $-\dfrac{13}{14}$
　　└─────────────────────────────

(3)　$0 \le \theta < 2\pi$ のとき，不等式 $\cos 2\theta - \sin\theta - 1 > 0$ を満たす θ の値の範囲は

　　　$\boxed{\text{エ}} < \theta < \boxed{\text{オ}}$，　$\boxed{\text{カ}} < \theta < 2\pi$

　　である。$\boxed{\text{エ}}$，$\boxed{\text{オ}}$，$\boxed{\text{カ}}$ に最も適するものをそれぞれ下の選択肢から選び，番号

　　で答えなさい。

　　┌─〈選択肢〉─────────────────────────
　　│ ① $\dfrac{\pi}{6}$　　② $\dfrac{\pi}{3}$　　③ $\dfrac{\pi}{2}$　　④ $\dfrac{5}{6}\pi$
　　│
　　│ ⑤ π　　⑥ $\dfrac{7}{6}\pi$　　⑦ $\dfrac{5}{3}\pi$　　⑧ $\dfrac{11}{6}\pi$
　　└─────────────────────────────

［解　答］

(1) 三角関数の合成により，

$$\sqrt{2}\sin\theta + \sqrt{2}\cos\theta$$

$$= \sqrt{2+2}\sin\left(\theta + \frac{\pi}{4}\right)$$

$$= 2\sin\left(\theta + \frac{\pi}{4}\right)$$

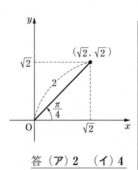

答（ア）**2**　（イ）**4**

【参考】三角関係の合成

$$a\sin\theta + b\cos\theta = r\sin(\theta + \alpha)$$

ただし，r と α は下の図を満たす。

すなわち，

$$r = \sqrt{a^2 + b^2}$$

$$\sin\alpha = \frac{b}{r}$$

$$\cos\alpha = \frac{a}{r}$$

(2) $0 < \alpha < \dfrac{\pi}{2}$ で，$\cos\alpha = \dfrac{1}{2}$ より，

$$\sin\alpha = \sqrt{1 - \cos^2\alpha}$$

$$= \sqrt{1 - \left(\frac{1}{2}\right)^2}$$

$$= \frac{\sqrt{3}}{2}$$

$\dfrac{\pi}{2} < \beta < \pi$ で，$\cos\beta = -\dfrac{1}{7}$ より，

$$\sin\beta = \sqrt{1 - \cos^2\beta}$$

$$= \sqrt{1 - \left(-\frac{1}{7}\right)^2}$$

$$= \frac{4\sqrt{3}}{7}$$

加法定理より，

$$\cos(\alpha - \beta) = \cos\alpha\cos\beta + \sin\alpha\sin\beta$$

$$= \frac{1}{2}\cdot\left(-\frac{1}{7}\right) + \frac{\sqrt{3}}{2}\cdot\frac{4\sqrt{3}}{7}$$

$$= \frac{11}{14}$$

したがって，選択肢の ③ である。

【参考】加法定理

$$\sin(\alpha \pm \beta) = \sin\alpha\cos\beta \pm \cos\alpha\sin\beta$$

$$\cos(\alpha \pm \beta) = \cos\alpha\cos\beta \mp \sin\alpha\sin\beta$$

$$\tan(\alpha \pm \beta) = \frac{\tan\alpha \pm \tan\beta}{1 \mp \tan\alpha\tan\beta}$$

答（ウ）③

(3) $\cos 2\theta = 1 - 2\sin^2\theta$ より，

$$\cos 2\theta - \sin\theta - 1 > 0$$

$$(1 - 2\sin^2\theta) - \sin\theta - 1 > 0$$

$$2\sin^2\theta + \sin\theta < 0$$

$$\sin\theta(2\sin\theta + 1) < 0$$

このとき，$\sin\theta > 0$ かつ $2\sin\theta + 1 < 0$ となることはない。

また，$\sin\theta < 0$ かつ $2\sin\theta + 1 > 0$ となるのは，$-\dfrac{1}{2} < \sin\theta < 0$

$0 \leqq \theta < 2\pi$ の範囲において，$\sin\theta = 0$ を満たす θ は，

$$\theta = 0,\ \pi$$

【参考】2倍角の公式

$$\sin 2\alpha = 2\sin\alpha\cos\alpha$$

$$\cos 2\alpha = \cos^2\alpha - \sin^2\alpha$$

$$= 2\cos^2\alpha - 1$$

$$= 1 - 2\sin^2\alpha$$

$$\tan 2\alpha = \frac{2\tan\alpha}{1 - \tan^2\alpha}$$

$\sin\theta = -\dfrac{1}{2}$ を満たす θ は,

$$\theta = \frac{7}{6}\pi, \quad \frac{11}{6}\pi$$

図より,求める範囲は,

$$\pi < \theta < \frac{7}{6}\pi, \quad \frac{11}{6}\pi < \theta < 2\pi$$

したがって,選択肢の⑤,⑥,⑧である。

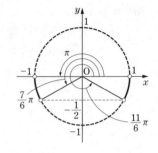

答 (エ)⑤ (オ)⑥ (カ)⑧

---

7 次の各問いに答えなさい。

(1) 第6項が37,第15項が100 である等差数列 $\{a_n\}$ について,一般項 a_n は

$$a_n = \boxed{\text{ア}}\,n - \boxed{\text{イ}}$$

である。

(2) 数列 $\{b_n\}$: 1, 2, 7, 16, 29, 46, 67, ……

の一般項 b_n は

$$b_n = \boxed{\text{ウ}}\,n^2 - \boxed{\text{エ}}\,n + \boxed{\text{オ}}$$

である。

(3) $S_n = \displaystyle\sum_{k=1}^{n} \frac{1}{3^{k+1}}$ とするとき

$$\lim_{n \to \infty} S_n = \frac{\boxed{\text{カ}}}{\boxed{\text{キ}}}$$

である。

【解答】

(1) 等差数列 $\{a_n\}$ の初項を a,公差を d とすると,

$$a_n = a + (n-1)d$$

$a_6 = 37$, $a_{15} = 100$ より,

$$\begin{cases} a + 5d = 37 \\ a + 14d = 100 \end{cases}$$

これを解くと,

$$a = 2, \quad d = 7$$

よって,

$$a_n = 2 + 7(n-1)$$
$$a_n = 7n - 5$$

答 (ア) 7 (イ) 5

— 166 —

(2)　$\{b_n\}$: 1, 2, 7, 16, 29, 46, 67, ……

　　の階差数列を $\{c_n\}$ とすると，

　　　　　　$\{c_n\}$: 1, 5, 9, 13, 17, 21, ……

　　これは初項1, 公差4の等差数列だから，

　　　　　$c_n = 1 + 4(n-1)$

　　　　　　　$= 4n - 3$

　　よって，$n \geqq 2$ のとき，

　　　　　$b_n = 1 + \displaystyle\sum_{k=1}^{n-1}(4k-3)$

　　　　　　　$= 1 + 4 \cdot \dfrac{1}{2}(n-1)(n-1+1) - 3(n-1)$

　　　　　　　$= 1 + 2n(n-1) - 3(n-1)$

　　　　　　　$= 2n^2 - 5n + 4$

　　この式において，$n=1$ のとき，

　　　　　$2 \cdot 1^2 - 5 \cdot 1 + 4 = 1$

　　よって，$n=1$ でも成り立つ。

　　以上より，一般項 b_n は，$b_n = 2n^2 - 5n + 4$

答 （ウ）2　（エ）5　（オ）4

(3)　$S_n = \displaystyle\sum_{k=1}^{n}\dfrac{1}{3^{k+1}}$ のとき，

　　S_n は，初項 $\dfrac{1}{3^{1+1}} = \dfrac{1}{9}$, 公比 $\dfrac{1}{3}$, 項数 n の等比数列の和であるから，

　　　　　$S_n = \dfrac{\dfrac{1}{9}\left\{1 - \left(\dfrac{1}{3}\right)^n\right\}}{1 - \dfrac{1}{3}}$

　　　　　　　$= \dfrac{1}{6}\left\{1 - \left(\dfrac{1}{3}\right)^n\right\}$

　　$n \to \infty$ のとき，$\left(\dfrac{1}{3}\right)^n \to 0$ となるから，

　　　　　$\displaystyle\lim_{n \to \infty} S_n = \lim_{n \to \infty}\dfrac{1}{6}\left\{1 - \left(\dfrac{1}{3}\right)^n\right\}$

　　　　　　　　　$= \dfrac{1}{6}(1 - 0)$

　　　　　　　　　$= \dfrac{1}{6}$

答 （カ）1　（キ）6

8 次の各問いに答えなさい。

(1) $(1+\sqrt{3}\,i)^3=$ ┃ア┃イ┃ である。ただし，i は虚数単位とする。

(2) 方程式 $z^3=-i$ の3つの解を極形式で表したときの偏角は

┃ウ┃, ┃エ┃, ┃オ┃

である。ただし，$0\leqq$ ┃ウ┃$<$┃エ┃$<$┃オ┃$<2\pi$ とする。

┃ウ┃, ┃エ┃, ┃オ┃ に最も適するものをそれぞれ下の選択肢から選び，番号で答えなさい。

〈選択肢〉

① $\dfrac{\pi}{6}$　② $\dfrac{\pi}{3}$　③ $\dfrac{\pi}{2}$　④ $\dfrac{5}{6}\pi$

⑤ π　⑥ $\dfrac{7}{6}\pi$　⑦ $\dfrac{5}{3}\pi$　⑧ $\dfrac{11}{6}\pi$

(3) 複素数平面上の点 $2\sqrt{2}+\sqrt{2}\,i$ を原点を中心として $\dfrac{\pi}{4}$ だけ回転した点を表す複素数は

┃カ┃$+$┃キ┃i

である。

解答

(1) $(1+\sqrt{3}\,i)^3=1^3+3\cdot1^2\cdot(\sqrt{3}\,i)+3\cdot1\cdot(\sqrt{3}\,i)^2+(\sqrt{3}\,i)^3$
$\qquad\qquad\quad =1+3\sqrt{3}\,i-9-3\sqrt{3}\,i$
$\qquad\qquad\quad =\boldsymbol{-8}$

【参考】3次式の展開公式
$(a+b)^3=a^3+3a^2b+3ab^2+b^3$

答（ア）$-$　（イ）8

(2) $z=r(\cos\theta+i\sin\theta)$ （ただし，$r>0$, $0\leqq\theta<2\pi$）
とおくと，ド・モアブルの定理より，

$\qquad z^3=r^3(\cos3\theta+i\sin3\theta)$

また，

$\qquad -i=1\cdot\left(\cos\dfrac{3}{2}\pi+i\sin\dfrac{3}{2}\pi\right)$

よって，$z^3=-i$ より，

$\qquad r^3(\cos3\theta+i\sin3\theta)=1\cdot\left(\cos\dfrac{3}{2}\pi+i\sin\dfrac{3}{2}\pi\right)$

すなわち，$r^3=1$, $3\theta=\dfrac{3}{2}\pi+2n\pi$　（nは整数）

よって，$r=1$, $\theta=\dfrac{\pi}{2}+\dfrac{2}{3}n\pi$

以上より，$0\leqq\theta<2\pi$ のとき，$\theta=\dfrac{\pi}{2}$, $\dfrac{7}{6}\pi$, $\dfrac{11}{6}\pi$
したがって，選択肢の③，⑥，⑧である。

答（ウ）③　（エ）⑥　（オ）⑧

【参考】複素数の極形式
$z=a+bi$ が表す点を P とすると，

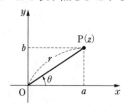

図より，
$\qquad r=\sqrt{a^2+b^2}$
$\qquad a=r\cos\theta,\ \ b=r\sin\theta$
であるから，
$\qquad z=r(\cos\theta+i\sin\theta)$

【参考】ド・モアブルの定理
n が整数のとき，
$\qquad (\cos\theta+i\sin\theta)^n=\cos n\theta+i\sin n\theta$

(3) 点 $2\sqrt{2}+\sqrt{2}\,i$ を原点を中心として $\dfrac{\pi}{4}$ だけ
回転した点を表す複素数を z とすると,

$$
\begin{aligned}
z &= (2\sqrt{2}+\sqrt{2}\,i)\left(\cos\frac{\pi}{4}+i\sin\frac{\pi}{4}\right)\\
&= (2\sqrt{2}+\sqrt{2}\,i)\left(\frac{1}{\sqrt{2}}+\frac{1}{\sqrt{2}}\,i\right)\\
&= \sqrt{2}\,(2+i)\cdot\frac{1}{\sqrt{2}}(1+i)\\
&= (2+i)(1+i)\\
&= 2+2i+i+i^2\\
&= 1+3i
\end{aligned}
$$

【参考】複素数と回転移動
複素数 z を原点を中心として角 θ だけ
回転した点を表す複素数を w とすると,
$$w = z(\cos\theta + i\sin\theta)$$

答 (カ) 1 (キ) 3

数学　9月実施　理系　　正解と配点

問題番号		設問	正解	配点
1	(1)	ア	6	3
		イ	3	
	(2)	ウ	3	3
		エ	3	
		オ	1	
	(3)	カ	7	3
		キ	8	
	(4)	ク	3	3
		ケ	4	
	(5)	コ	5	3
		サ	7	
	(6)	シ	2	3
	(7)	ス	⑤	3
	(8)	セ	4	3
		ソ	3	
2	(1)	ア	2	3
		イ	4	
	(2)	ウ	③	4
	(3)	エ	4	4
		オ	4	
3	(1)	ア	9	3
	(2)	イ	4	4
		ウ	9	
	(3)	エ	4	4
		オ	5	
4	(1)	ア	2	2
		イ	5	
		ウ	ー	2
		エ	2	
	(2)	オ	2	3
		カ	3	
		キ	3	4
		ク	3	

問題番号		設問	正解	配点
5	(1)	ア	4	3
	(2)	イ	0	3
		ウ	3	
	(3)	エ	4	2
		オ	0	
		カ	4	2
6	(1)	ア	2	3
		イ	4	
	(2)	ウ	③	4
	(3)	エ	⑤	4
		オ	⑥	
		カ	⑧	
7	(1)	ア	7	3
		イ	5	
	(2)	ウ	2	4
		エ	5	
		オ	4	
	(3)	カ	1	4
		キ	6	
8	(1)	ア	ー	3
		イ	8	
	(2)	ウ	③	4
		エ	⑥	
		オ	⑧	
	(3)	カ	1	4
		キ	3	

令和2年度

基礎学力到達度テスト 問題と詳解

1

次の各問いに答えなさい。

(1) $x=\sqrt{7}-\sqrt{2}$, $y=\dfrac{5}{\sqrt{7}-\sqrt{2}}$ のとき

$$x+y=\boxed{ア}\sqrt{\boxed{イ}}, \quad x^2+y^2=\boxed{ウ}\boxed{エ}$$

である。

(2) 次の13個のデータ

1, 1, 2, 3, 3, 5, 6, 8, 8, 8, 9, 9, 10

の箱ひげ図として正しいものは $\boxed{オ}$ である。$\boxed{オ}$ に最も適するものを下の選択肢から選び，番号で答えなさい。

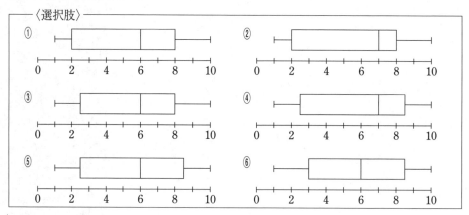

〈選択肢〉

(3) 循環小数 $0.\dot{6}\dot{3}$ を分数で表すと

$$\dfrac{\boxed{カ}}{\boxed{キ}\boxed{ク}}$$

である。

(4) 整式 $x^3-9x^2+23x-5$ を整式 $x-4$ で割ると

商は $x^2-\boxed{ケ}x+\boxed{コ}$

余りは $\boxed{サ}$

である。

(5) △ABC において，AB = 4，CA = 3，$B=30°$ であるとき

$$\sin C=\dfrac{\boxed{シ}}{\boxed{ス}}$$

である。

（1は次ページに続く）

(6) $\vec{a}=(-3,\ 1)$, $\vec{b}=(3,\ -4)$, $\vec{c}=(-9,\ -12)$ のとき

$$\vec{c}=\boxed{\text{セ}}\ \vec{a}+\boxed{\text{ソ}}\ \vec{b}$$

である。

---

2 1から6までの数が1つずつ書かれた6枚のカードの中から3枚を同時に取り出すとき，次の問いに答えなさい。

(1) 3枚のカードの取り出し方は全部で

$$\boxed{\text{ア}}\boxed{\text{イ}}\ \text{通り}$$

ある。

(2) 取り出したカードの中に3の倍数が書かれたカードが少なくとも1枚含まれる確率は

$$\frac{\boxed{\text{ウ}}}{\boxed{\text{エ}}}$$

である。

(3) 取り出したカードに書かれた数の和が3の倍数になる確率は $\boxed{\text{オ}}$ である。$\boxed{\text{オ}}$ に最も適するものを下の選択肢から選び，番号で答えなさい。

┌─〈選択肢〉─────────────────────┐

① $\dfrac{1}{5}$ ② $\dfrac{1}{4}$ ③ $\dfrac{17}{60}$ ④ $\dfrac{1}{3}$

⑤ $\dfrac{7}{20}$ ⑥ $\dfrac{2}{5}$ ⑦ $\dfrac{49}{120}$ ⑧ $\dfrac{9}{20}$

└───────────────────────────┘

3 放物線 $y=-x^2+4x+3$ ……① について，次の問いに答えなさい。

(1) 放物線①の頂点は

点(ア , イ)

である。

(2) $-2 \leqq x \leqq 5$ のとき，y の

最大値は ウ

最小値は エオ

である。

(3) 放物線①を y 軸方向に a だけ平行移動したグラフが x 軸と異なる2点で交わるとき，それらの交点を x 座標の小さいほうから A，B とする。AB＝10 となるとき

$a=$ カキ

である。

4 方程式 $x^2+y^2+14x-2y=a$ ……①

が円を表すとき，次の問いに答えなさい。ただし，a は定数とする。

(1) 円①の中心の座標は (アイ , ウ) である。

また，$a=14$ のとき，円①の半径は エ である。

(2) 円①が y 軸と接するとき

$a=$ オカ

である。

(3) 円①が直線 $x+2y+20=0$ と接するとき

$a=$ キク

である。

$\boxed{5}$ 次の各問いに答えなさい。

(1) $4\sqrt{3}\,\sin\theta + 4\cos\theta = \boxed{\text{ア}}\,\sin\left(\theta + \dfrac{\pi}{\boxed{\text{イ}}}\right)$

である。

(2) $0 < \theta < \dfrac{\pi}{2}$ のとき，$\sin\theta = \dfrac{\sqrt{2}}{10}$ ならば

$$\cos\left(\theta - \dfrac{\pi}{4}\right) = \dfrac{\boxed{\text{ウ}}}{\boxed{\text{エ}}}$$

である。

(3) $0 \leqq \theta < 2\pi$ のとき，不等式 $2\cos\theta - \sqrt{2} \leqq 0$ を満たす θ の値の範囲は

$$\boxed{\text{オ}} \leqq \theta \leqq \boxed{\text{カ}}$$

である。

$\boxed{\text{オ}}$，$\boxed{\text{カ}}$ に最も適するものをそれぞれ下の選択肢から選び，番号で答えなさい。

――〈選択肢〉――――――――――――――――――――――――――――
① 0　　　② $\dfrac{\pi}{4}$　　　③ $\dfrac{3}{4}\pi$　　　④ $\dfrac{5}{6}\pi$

⑤ $\dfrac{7}{6}\pi$　　　⑥ $\dfrac{5}{4}\pi$　　　⑦ $\dfrac{3}{2}\pi$　　　⑧ $\dfrac{7}{4}\pi$
――――――――――――――――――――――――――――――――――

$\boxed{6}$ 次の各問いに答えなさい。

(1) $\left(\dfrac{1}{32}\right)^{-\frac{1}{2}} = \boxed{\text{ア}}\,\sqrt{\boxed{\text{イ}}}$ である。

(2) $\log_3 9 + \log_{\frac{1}{2}} 8 = \boxed{\text{ウ}}\boxed{\text{エ}}$ である。

(3) 不等式 $\log_6(8-x) + 1 < \log_6(x-1)$ の解は

$$\boxed{\text{オ}} < x < \boxed{\text{カ}}$$

である。

7 次の各問いに答えなさい。

(1) 関数 $y = x^3 + 9x^2 + 24x + 13$ は

$$x = \boxed{\text{ア}\,\text{イ}} \text{ のとき, 極小値 } \boxed{\text{ウ}\,\text{エ}}$$

をとる。

(2) 放物線 $y = x^2 + 7x + 10$ ……①

と x 軸, y 軸の交点を右の図のように A, B, C とする。このとき, 線分 AB と線分 AC および放物線①で囲まれた右の斜線部分の面積は

$$\frac{\boxed{\text{オ}\,\text{カ}}}{\boxed{\text{キ}}}$$

である。

8 次の各問いに答えなさい。

(1) 第4項が30, 第10項が72である等差数列 $\{a_n\}$ について, 一般項 a_n は

$$a_n = \boxed{\text{ア}}\,n + \boxed{\text{イ}}$$

である。

(2) 第2項が -6 で, 第2項から第4項までの和が -42 である等比数列 $\{b_n\}$ の

初項は $\boxed{\text{ウ}}$

公比は $\boxed{\text{エ}\,\text{オ}}$

である。ただし, 初項は正とする。

(3) $\displaystyle\sum_{k=1}^{14} \frac{1}{(k+1)(k+2)} = \frac{\boxed{\text{カ}}}{\boxed{\text{キ}\,\text{ク}}}$ である。

1 次の各問いに答えなさい。

(1) 2次関数 $y = x^2 + 8x + 11$ のグラフを x 軸方向に 3，y 軸方向に -5 だけ平行移動したグラフを表す式は

$$y = x^2 + \boxed{\text{ア}}\, x - \boxed{\text{イ}}$$

である。

(2) △ABC において，AB $= 2$，CA $= \sqrt{2}$，∠A $= 135°$ であるとき

$$\text{BC} = \sqrt{\boxed{\text{ウ}\,\boxed{\text{エ}}}}$$

である。

(3) 整式 $x^3 - x + 1$ を整式 $2x - 1$ で割ると，余りは

$$\frac{\boxed{\text{オ}}}{\boxed{\text{カ}}}$$

である。

(4) $\dfrac{13 - 9i}{1 - 3i} = \boxed{\text{キ}} + \boxed{\text{ク}}\, i$ である。ただし，i は虚数単位とする。

(5) 円 $x^2 + y^2 = 5$ と直線 $x - 2y = k$ が共有点をもつとき，定数 k のとり得る値の範囲は

$$\boxed{\text{ケ}\,\boxed{\text{コ}}} \leq k \leq \boxed{\text{サ}}$$

である。

(6) 鈍角 θ について，$\sin\theta = \dfrac{3}{5}$ のとき，$\sin 2\theta = \boxed{\text{シ}}$ である。$\boxed{\text{シ}}$ に最も適するものを下の選択肢から選び，番号で答えなさい。

〈選択肢〉

① $\dfrac{4}{5}$　　② $\dfrac{7}{25}$　　③ $\dfrac{12}{25}$　　④ $\dfrac{24}{25}$

⑤ $-\dfrac{4}{5}$　　⑥ $-\dfrac{7}{25}$　　⑦ $-\dfrac{12}{25}$　　⑧ $-\dfrac{24}{25}$

(7) 2つのベクトル $\vec{a} = (4,\ 7)$，$\vec{b} = (-1,\ 8)$ のなす角を θ とすると

$$\cos\theta = \frac{\boxed{\text{ス}}}{\boxed{\text{セ}}}$$

である。

（1 は次ページに続く）

(8) 双曲線 $\dfrac{x^2}{5} - \dfrac{y^2}{3} = 1$ の焦点は，2点 ┃ソ┃ である。┃ソ┃ に最も適するものを下の選択肢から選び，番号で答えなさい。

┌─〈選択肢〉──────────────────────────────┐
  ① $(2, 0)$，$(-2, 0)$ ② $(\sqrt{2}, 0)$，$(-\sqrt{2}, 0)$

  ③ $(8, 0)$，$(-8, 0)$ ④ $(2\sqrt{2}, 0)$，$(-2\sqrt{2}, 0)$

  ⑤ $(0, 2)$，$(0, -2)$ ⑥ $(0, \sqrt{2})$，$(0, -\sqrt{2})$

  ⑦ $(0, 8)$，$(0, -8)$ ⑧ $(0, 2\sqrt{2})$，$(0, -2\sqrt{2})$
└──┘

---

2   次の各問いに答えなさい。

(1) 積が4732で，最小公倍数が364である2つの正の整数の最大公約数は ┃ア┃イ┃ である。

(2) ある高校のサッカー部35人とテニス部20人について，50m走のタイムを測定し，そのデータを下のような箱ひげ図に表した。下の選択肢①〜④のうち，これらの箱ひげ図から読み取れることとして正しいものは ┃ウ┃ である。┃ウ┃ に最も適するものを選び，番号で答えなさい。

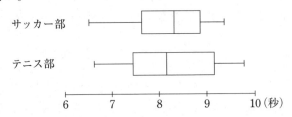

┌─〈選択肢〉──────────────────────────────────┐
  ① テニス部のタイムの中央値は，サッカー部のタイムの中央値より大きい。

  ② サッカー部のタイムの第3四分位数は，テニス部のタイムの第3四分位数より
     大きい。

  ③ サッカー部でタイムが9秒より速い人は，26人以下である。

  ④ テニス部でタイムが8秒より遅い人は，10人以上いる。
└──┘

(3) 等式 $xy - 3x + 5y - 19 = 0$ を満たす整数 x，y の組は，全部で ┃エ┃ 組ある。

3 男子 5 人，女子 3 人の計 8 人からくじ引きで 2 人の委員を選ぶとき，次の問いに答えなさい。

(1) 委員の選び方の総数は

$$\boxed{ア}\boxed{イ}\ \text{通り}$$

ある。

(2) 男子 1 人，女子 1 人が委員に選ばれる確率は

$$\frac{\boxed{ウ}\boxed{エ}}{\boxed{オ}\boxed{カ}}$$

である。

(3) 選ばれた 2 人の委員に少なくとも 1 人男子が含まれるとわかったときに，委員が 2 人とも男子である条件付き確率は

$$\frac{\boxed{キ}}{\boxed{ク}}$$

である。

4 次の各問いに答えなさい。

(1) 3 次関数 $y=\dfrac{1}{3}x^3-x^2-3x$ について

$$極大値は\ \frac{\boxed{ア}}{\boxed{イ}}$$

である。

(2) 放物線 $y=x^2+ax+b$ ……① が
直線 $y=2x-1$ ……② と x 座標が 2 である点で接している。このとき

$$a=\boxed{ウ}\boxed{エ},\ b=\boxed{オ}$$

であり，放物線①，直線②および y 軸で囲まれた右図の斜線部分の面積は

$$\frac{\boxed{カ}}{\boxed{キ}}$$

である。

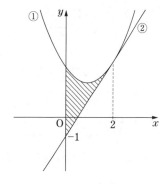

5 次の各問いに答えなさい。

(1) (i) $\sqrt[3]{54} \div 2\sqrt{3} \times 4^{\frac{1}{3}} = \sqrt{\boxed{\text{ア}}}$ である。

(ii) 不等式 $\log_2(x-5) + \log_2(x+2) < 3$ の解は
$$\boxed{\text{イ}} < x < \boxed{\text{ウ}}$$
である。

(iii) 関数 $y = \left(\dfrac{1}{9}\right)^x - 2\left(\dfrac{1}{3}\right)^{x-1}$

の最小値は $\boxed{\text{エ}\,\text{オ}}$ である。

(2) $0 \leq \theta < 2\pi$ のとき，$2\sin^2\theta + \cos\theta - 1 = 0$ を満たす θ の値は
$$\theta = \boxed{\text{カ}},\ \boxed{\text{キ}},\ \boxed{\text{ク}}$$
である。$\boxed{\text{カ}}$，$\boxed{\text{キ}}$，$\boxed{\text{ク}}$ に最も適するものを下の選択肢から選び，番号で答えなさい。ただし，$\boxed{\text{カ}} < \boxed{\text{キ}} < \boxed{\text{ク}}$ とする。

〈選択肢〉
① 0 ② $\dfrac{\pi}{6}$ ③ $\dfrac{\pi}{3}$ ④ $\dfrac{\pi}{2}$ ⑤ $\dfrac{2}{3}\pi$

⑥ $\dfrac{5}{6}\pi$ ⑦ π ⑧ $\dfrac{7}{6}\pi$ ⑨ $\dfrac{4}{3}\pi$

6 1辺の長さが2である正六角形 ABCDEF において，線分 BD を $2:1$ に内分する点を G，線分 AG と線分 BF の交点を H とする。$\overrightarrow{AB} = \vec{a}$, $\overrightarrow{AF} = \vec{b}$ とするとき，次の問いに答えなさい。

(1) $\overrightarrow{AD}$ を $\vec{a}$ と $\vec{b}$ を用いて表すと
$$\overrightarrow{AD} = \boxed{\text{ア}}\,\vec{a} + \boxed{\text{イ}}\,\vec{b}$$
である。

(2) $\overrightarrow{AC}$ と $\overrightarrow{AE}$ の内積は
$$\overrightarrow{AC} \cdot \overrightarrow{AE} = \boxed{\text{ウ}}$$
である。

(3) $\overrightarrow{AH}$ を $\vec{a}$ と $\vec{b}$ を用いて表すと
$$\overrightarrow{AH} = \dfrac{\boxed{\text{エ}}}{\boxed{\text{オ}}}\,\vec{a} + \dfrac{\boxed{\text{カ}}}{\boxed{\text{キ}}}\,\vec{b}$$
である。

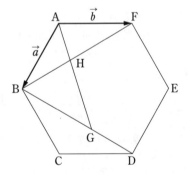

7

次の各問いに答えなさい。

(1) 第13項が-17，第30項が-51である等差数列 $\{a_n\}$ の一般項 a_n は

$$a_n = \boxed{\text{ア}\ \text{イ}}\,n + \boxed{\text{ウ}}$$

である。

(2) 数列 $\{b_n\}$ に対して $c_n = 2n + b_n$ とおく。数列 $\{c_n\}$ が初項-3，公比-2の等比数列であるとき

$$b_6 = \boxed{\text{エ}\ \text{オ}}$$

である。

(3) $1,\ 1+2,\ 1+2+3,\ 1+2+3+4,\ \cdots\cdots$

のように，n 番目の項が 1 から n までの連続した自然数の和である数列について，初項から第17項までの和は $\boxed{\text{カ}\ \text{キ}\ \text{ク}}$ である。

8

次の各問いに答えなさい。ただし，i は虚数単位とする。

(1) 複素数 $\dfrac{1+\sqrt{3}\,i}{\sqrt{2}}$ を極形式で表すと

$$\sqrt{\boxed{\text{ア}}}\left(\cos\frac{\pi}{\boxed{\text{イ}}} + i\sin\frac{\pi}{\boxed{\text{イ}}}\right)$$

である。ただし，$0 \leqq \dfrac{\pi}{\boxed{\text{イ}}} < \pi$ とする。

(2) $\left(\dfrac{1+\sqrt{3}\,i}{\sqrt{2}}\right)^{12} = \boxed{\text{ウ}\ \text{エ}}$

である。

(3) 複素数平面上の点 $\sqrt{3}-5i$ を，原点を中心として $\dfrac{\pi}{6}$ だけ回転した点を表す複素数は

$$\boxed{\text{オ}} - \boxed{\text{カ}}\sqrt{\boxed{\text{キ}}}\,i$$

である。

1 次の各問いに答えなさい。

(1) $x=\sqrt{7}-\sqrt{2}$, $y=\dfrac{5}{\sqrt{7}-\sqrt{2}}$ のとき

$$x+y=\boxed{\text{ア}}\sqrt{\boxed{\text{イ}}}, \quad x^2+y^2=\boxed{\text{ウ}}\,\boxed{\text{エ}}$$

である。

(2) 次の13個のデータ

$$1,\ 1,\ 2,\ 3,\ 3,\ 5,\ 6,\ 8,\ 8,\ 8,\ 9,\ 9,\ 10$$

の箱ひげ図として正しいものは $\boxed{\text{オ}}$ である。$\boxed{\text{オ}}$ に最も適するものを下の選択肢から選び, 番号で答えなさい。

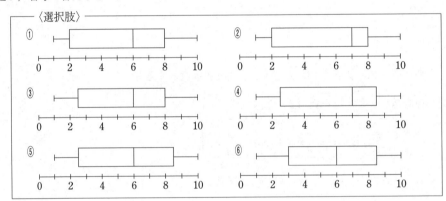

〈選択肢〉

(3) 循環小数 $0.\dot{6}\dot{3}$ を分数で表すと

$$\dfrac{\boxed{\text{カ}}}{\boxed{\text{キ}}\,\boxed{\text{ク}}}$$

である。

(4) 整式 $x^3-9x^2+23x-5$ を整式 $x-4$ で割ると

商は　$x^2-\boxed{\text{ケ}}\,x+\boxed{\text{コ}}$

余りは　$\boxed{\text{サ}}$

である。

(5) $\triangle ABC$ において, $AB=4$, $CA=3$, $B=30°$ であるとき

$$\sin C=\dfrac{\boxed{\text{シ}}}{\boxed{\text{ス}}}$$

である。

(6) $\vec{a}=(-3,\ 1)$, $\vec{b}=(3,\ -4)$, $\vec{c}=(-9,\ -12)$ のとき

$$\vec{c}=\boxed{\text{セ}}\,\vec{a}+\boxed{\text{ソ}}\,\vec{b}$$

である。

解 答

(1) $x = \sqrt{7} - \sqrt{2}$

> **【参考】対称式の変形**
> $x^2 + y^2 = (x+y)^2 - 2xy$
> $x^3 + y^3 = (x+y)^3 - 3xy(x+y)$

$y = \dfrac{5}{\sqrt{7}-\sqrt{2}} = \dfrac{5}{\sqrt{7}-\sqrt{2}} \cdot \dfrac{\sqrt{7}+\sqrt{2}}{\sqrt{7}+\sqrt{2}} = \dfrac{5(\sqrt{7}+\sqrt{2})}{7-2} = \sqrt{7}+\sqrt{2}$

よって，$x+y = (\sqrt{7}-\sqrt{2}) + (\sqrt{7}+\sqrt{2}) = \mathbf{2\sqrt{7}}$

また，$xy = (\sqrt{7}-\sqrt{2})(\sqrt{7}+\sqrt{2}) = 7-2 = 5$

したがって，$x^2 + y^2 = (x+y)^2 - 2xy = (2\sqrt{7})^2 - 2 \times 5 = 28 - 10 = \mathbf{18}$

答 （ア）**2** （イ）**7** （ウ）**1** （エ）**8**

(2) 13個のデータの第1四分位数，中央値（第2四分位数），第3四分位数は次の通りである。

1, 1, 2, 3, 3, 5, 6, 8, 8, 8, 9, 9, 10

第1四分位数　　中央値　　第3四分位数

データが13個であるから，

第1四分位数は，小さい方から数えて3番目と4番目の数の平均で，$\dfrac{2+3}{2} = 2.5$

中央値（第2四分位数）は，小さい方から数えて7番目の数で6

第3四分位数は，小さい方から数えて10番目と11番目の数の平均で，$\dfrac{8+9}{2} = 8.5$

また，データの最小値は1，最大値は10より，求める箱ひげ図は次のようになる。

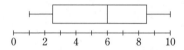

答 （オ）⑤

(3) $x = 0.\dot{6}\dot{3}$ とすると，

$x = 0.63636363\cdots\cdots$ ……①

また，x を100倍すると

$100x = 63.63636363\cdots\cdots$ ……②

②−①より
$$100x = 63.63636363\cdots\cdots$$
$$-\,)\quad x = 0.63636363\cdots\cdots$$
$$99x = 63$$

よって，$x = \dfrac{63}{99} = \dfrac{\mathbf{7}}{\mathbf{11}}$

答 （カ）**7** （キ）**1** （ク）**1**

(4)
$$
\begin{array}{r}
x^2 - 5x + 3 \\
x-4 \overline{)\ x^3 - 9x^2 + 23x - 5} \\
\underline{x^3 - 4x^2 } \\
-5x^2 + 23x \\
\underline{-5x^2 + 20x } \\
3x - 5 \\
\underline{3x - 12} \\
7
\end{array}
$$

上記の筆算より，商は $x^2 - 5x + 3$，余りは 7

答 （ケ）**5** （コ）**3** （サ）**7**

(5) 正弦定理 $\dfrac{\mathrm{CA}}{\sin B}=\dfrac{\mathrm{AB}}{\sin C}$ より，

$$\sin C=\frac{\mathrm{AB}}{\mathrm{CA}}\sin B$$

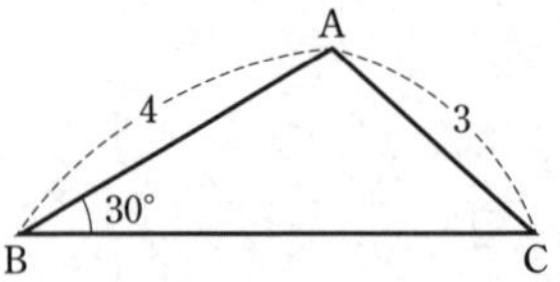

よって，$\sin C=\dfrac{4}{3}\sin 30°$

$$=\frac{4}{3}\cdot\frac{1}{2}=\mathbf{\frac{2}{3}}$$

答 (シ) **2**　(ス) **3**

【注】 条件に合う図形は△ABCと△ABC′の2通り考えられるが, $\sin C$と$\sin C'$の値はいずれの場合も同じである。

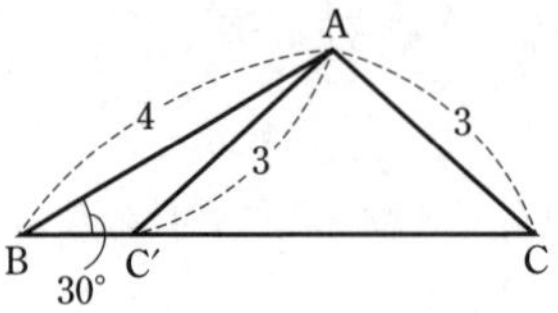

【参考】正弦定理

$$\frac{a}{\sin A}=\frac{b}{\sin B}=\frac{c}{\sin C}=2R$$

（Rは△ABCの外接円の半径）

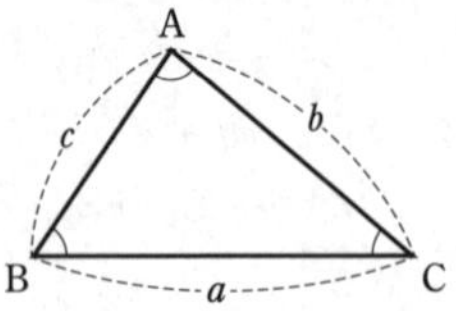

(6) $\vec{a}=(-3,\ 1)$，$\vec{b}=(3,\ -4)$，$\vec{c}=(-9,\ -12)$ において，

$\vec{c}=m\vec{a}+n\vec{b}$　(m，nは実数)

とすると，

$$(-9,\ -12)=m(-3,\ 1)+n(3,\ -4)$$
$$=(-3m+3n,\ m-4n)$$

よって，$-3m+3n=-9$　……①

$m-4n=-12$　……②

①，②より，$m=8$，$n=5$

したがって，$\vec{c}=\mathbf{8}\vec{a}+\mathbf{5}\vec{b}$

答 (セ) **8**　(ソ) **5**

2 1から6までの数が1つずつ書かれた6枚のカードの中から3枚を同時に取り出すとき，次の問いに答えなさい。

(1) 3枚のカードの取り出し方は全部で

$$\boxed{\text{ア}\ \text{イ}}\text{ 通り}$$

ある。

(2) 取り出したカードの中に3の倍数が書かれたカードが少なくとも1枚含まれる確率は

$$\dfrac{\boxed{\text{ウ}}}{\boxed{\text{エ}}}$$

である。

(3) 取り出したカードに書かれた数の和が3の倍数になる確率は $\boxed{\text{オ}}$ である。$\boxed{\text{オ}}$ に最も適するものを下の選択肢から選び，番号で答えなさい。

〈選択肢〉

① $\dfrac{1}{5}$　　② $\dfrac{1}{4}$　　③ $\dfrac{17}{60}$　　④ $\dfrac{1}{3}$

⑤ $\dfrac{7}{20}$　　⑥ $\dfrac{2}{5}$　　⑦ $\dfrac{49}{120}$　　⑧ $\dfrac{9}{20}$

解 答

(1) 異なる6枚のカードから3枚を同時に取り出す場合の数の総数は

$$_6\mathrm{C}_3=\frac{_6\mathrm{P}_3}{3!}=\frac{6\cdot5\cdot4}{3\cdot2\cdot1}=20$$

よって，**20**通り

【参考】組み合わせの総数

異なる n 個のものから r 個取る組み合わせの総数は

$$_n\mathrm{C}_r=\frac{_n\mathrm{P}_r}{r!}(\text{通り})$$

答 （**ア**）**2** （**イ**）**0**

(2) 「取り出したカードの中に3の倍数が含まれない」事象の余事象の確率を考える。

3の倍数ではないカードは，①，②，④，⑤の4枚であるから，求める確率は，

$$1-\frac{_4\mathrm{C}_3}{20}=1-\frac{4}{20}=\frac{4}{5}$$

答 （**ウ**）**4** （**エ**）**5**

(3) 3枚のカードの数の和が3の倍数になるカードの組み合わせは，

(1, 2, 3), (1, 2, 6), (1, 3, 5), (1, 5, 6)

(2, 3, 4), (2, 4, 6), (3, 4, 5), (4, 5, 6)

の8通り。

よって，求める確率は，$\dfrac{8}{20}=\dfrac{2}{5}$

答 （**オ**）⑥

3 放物線 $y=-x^2+4x+3$ ……① について，次の問いに答えなさい。

(1) 放物線①の頂点は

点（　ア　，　イ　）

である。

(2) $-2≦x≦5$ のとき，y の

最大値は　ウ

最小値は　エ　オ

である。

(3) 放物線①を y 軸方向に a だけ平行移動したグラフが x 軸と異なる2点で交わるとき，それら
の交点を x 座標の小さいほうから A，B とする。AB=10 となるとき

$a=$ カ　キ

である。

解　答

(1) $y=-x^2+4x+3$

$=-(x^2-4x)+3$

$=-\{(x-2)^2-4\}+3$

$=-(x-2)^2+4+3$

$=-(x-2)^2+7$

よって，放物線①の頂点は，点$(2, 7)$

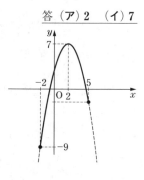

答（ア）2　（イ）7

(2) $-2≦x≦5$ のとき，放物線①のグラフは右のようになる。

右のグラフより，

y は，$x=2$ で最大となり，$x=-2$ で最小となる。

$x=-2$ のとき，$y=-(-2-2)^2+7=-16+7=-9$

よって，最大値は7，最小値は-9

答（ウ）7　（エ）$-$　（オ）9

(3) 放物線①を y 軸方向に a だけ平行移動した放物線の式は，

$y=-(x-2)^2+7+a$

$=-x^2+4x+3+a$　……②

放物線①を平行移動した放物線と x 軸との
交点を A，B とするとき，AB=10 となるのは
次ページの図のときである。

このとき，2点 A，B は放物線の軸 $x=2$ に
関して対称であるから，それぞれの座標は，

A$(-3, 0)$，B$(7, 0)$

よって，放物線②の式は，

$y=-(x+3)(x-7)$

【参考】グラフの平行移動

関数 $y=f(x)$ を x 軸方向へ p，y 軸方向へ
q だけ平行移動したグラフの式は，

$y-q=f(x-p)$

【参考】放物線の式

2点$(p, 0)$，$(q, 0)$を通る
放物線の式は

$y=a(x-p)(x-q)$

$$= -x^2 + 4x + 21 \quad \cdots\cdots ③$$

②と③を比較すると，

$$3 + a = 21$$

よって，　$a = 18$

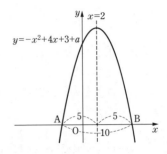

答 **(カ) 1　(キ) 8**

【**別解**】　放物線②と x 軸の交点の座標は，

$$-(x-2)^2 + 7 + a = 0$$
$$(x-2)^2 = 7 + a$$
$$x - 2 = \pm\sqrt{7+a}$$
$$x = 2 \pm \sqrt{7+a}$$

AB=10 より

$$(2 + \sqrt{7+a}) - (2 - \sqrt{7+a}) = 10$$
$$2\sqrt{7+a} = 10$$
$$\sqrt{7+a} = 5$$

両辺を2乗すると，　　$7 + a = 25$

よって，　　　　　　$a = 18$

4　方程式　$x^2 + y^2 + 14x - 2y = a$　$\cdots\cdots ①$

が円を表すとき，次の問いに答えなさい。ただし，a は定数とする。

(1)　円①の中心の座標は （ ［**ア イ**］， ［**ウ**］ ）である。

　　また，$a = 14$ のとき，円①の半径は ［**エ**］ である。

(2)　円①が y 軸と接するとき

$$a = ［オ カ］$$

である。

(3)　円①が直線 $x + 2y + 20 = 0$ と接するとき

$$a = ［キ ク］$$

である。

〔**解　答**〕

(1)　円①の方程式を x, y についてそれぞれ平方完成

すると

$$x^2 + y^2 + 14x - 2y = a$$
$$(x+7)^2 - 49 + (y-1)^2 - 1 = a$$
$$(x+7)^2 + (y-1)^2 = a + 50$$

よって，

　　　円①の中心の座標は　（**−7, 1**）

　　　半径は　$\sqrt{a+50}$　（ただし，$a > -50$）

であるから，$a = 14$ のとき，円の半径は

【**参考**】**円の方程式**

中心が (p, q)，半径が r の円の方程式は，

$$(x-p)^2 + (y-q)^2 = r^2$$

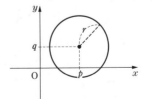

$$\sqrt{14+50}=\sqrt{64}=8$$

答（ア）－　（イ）7　（ウ）1　（エ）8

(2) 円①が y 軸に接するとき，円の半径は 7 である。

よって，　　　　$\sqrt{a+50}=7$

両辺を 2 乗して，　$a+50=49$

よって　　　　　　$a=-1$

答（オ）－　（カ）1

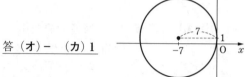

(3) 円①が直線 $x+2y+20=0$ と接するとき，

円の中心 $(-7,\ 1)$ と直線 $x+2y+20=0$ の距離 d は

円の半径 $\sqrt{a+50}$ と等しくなるから

$$d=\frac{|1\cdot(-7)+2\cdot1+20|}{\sqrt{1^2+2^2}}=\sqrt{a+50}$$

$$\frac{|15|}{\sqrt{5}}=\sqrt{a+50}$$

$$3\sqrt{5}=\sqrt{a+50}$$

両辺を 2 乗して，　　　$45=a+50$

よって　　　　　　　　$a=-5$

答（キ）－　（ク）5

【参考】点と直線の距離

直線 $ax+by+c=0$ と

点 $(x_1,\ y_1)$ の距離 d は

$$d=\frac{|ax_1+by_1+c|}{\sqrt{a^2+b^2}}$$

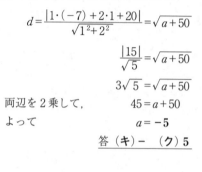

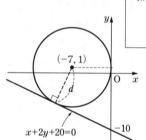

$x+2y+20=0$

---

5 次の各問いに答えなさい。

(1) $4\sqrt{3}\,\sin\theta+4\cos\theta=\boxed{\ \text{ア}\ }\sin\left(\theta+\dfrac{\pi}{\boxed{\ \text{イ}\ }}\right)$

である。

(2) $0<\theta<\dfrac{\pi}{2}$ のとき，$\sin\theta=\dfrac{\sqrt{2}}{10}$ ならば

$$\cos\left(\theta-\frac{\pi}{4}\right)=\frac{\boxed{\ \text{ウ}\ }}{\boxed{\ \text{エ}\ }}$$

である。

(3) $0\leqq\theta<2\pi$ のとき，不等式 $2\cos\theta-\sqrt{2}\leqq0$ を満たす θ の値の範囲は

$$\boxed{\ \text{オ}\ }\leqq\theta\leqq\boxed{\ \text{カ}\ }$$

である。

$\boxed{\ \text{オ}\ }$，$\boxed{\ \text{カ}\ }$ に最も適するものをそれぞれ下の選択肢から選び，番号で答えなさい。

〈選択肢〉

① 0　　② $\dfrac{\pi}{4}$　　③ $\dfrac{3}{4}\pi$　　④ $\dfrac{5}{6}\pi$

⑤ $\dfrac{7}{6}\pi$　　⑥ $\dfrac{5}{4}\pi$　　⑦ $\dfrac{3}{2}\pi$　　⑧ $\dfrac{7}{4}\pi$

解 答

(1) 三角関数の合成をする。

$$4\sqrt{3}\,\sin\theta + 4\cos\theta$$

$$= \sqrt{(4\sqrt{3})^2 + 4^2}\,\sin\left(\theta + \frac{\pi}{6}\right)$$

$$= 8\sin\left(\theta + \frac{\pi}{6}\right)$$

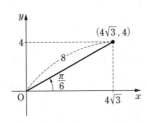

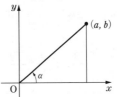
答 (ア) **8** (イ) **6**

(2) $0 < \theta < \dfrac{\pi}{2}$ より, $0 < \cos\theta < 1$ なので,

$$\cos\theta = \sqrt{1 - \sin^2\theta} = \sqrt{1 - \left(\frac{\sqrt{2}}{10}\right)^2} = \frac{7\sqrt{2}}{10}$$

加法定理より,

$$\cos\left(\theta - \frac{\pi}{4}\right) = \cos\theta\cos\frac{\pi}{4} + \sin\theta\sin\frac{\pi}{4}$$

$$= \frac{7\sqrt{2}}{10}\cdot\frac{1}{\sqrt{2}} + \frac{\sqrt{2}}{10}\cdot\frac{1}{\sqrt{2}}$$

$$= \frac{7}{10} + \frac{1}{10} = \frac{4}{5}$$

答 (ウ) **4** (エ) **5**

(3) $2\cos\theta - \sqrt{2} \leqq 0$ より

$$\cos\theta \leqq \frac{\sqrt{2}}{2}$$

$0 \leqq \theta < 2\pi$ の範囲で $\cos\theta = \dfrac{\sqrt{2}}{2}$ となるのは,

$$\theta = \frac{\pi}{4},\ \frac{7}{4}\pi$$

右図より, 不等式 $\cos\theta \leqq \dfrac{\sqrt{2}}{2}$ を満たす範囲は,

$$\frac{\pi}{4} \leqq \theta \leqq \frac{7}{4}\pi$$

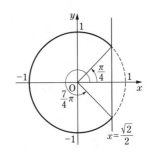

答 (オ) ② (カ) ⑧

6 次の各問いに答えなさい。

(1) $\left(\dfrac{1}{32}\right)^{-\frac{1}{2}} = \boxed{}\sqrt{\boxed{}}$ である。

(2) $\log_3 9 + \log_{\frac{1}{2}} 8 = \boxed{\ }$ である。

(3) 不等式 $\log_6(8-x)+1 < \log_6(x-1)$ の解は

$$\boxed{} < x < \boxed{}$$

である。

解 答

(1) $\left(\dfrac{1}{32}\right)^{-\frac{1}{2}} = 32^{\frac{1}{2}} = \sqrt{32} = 4\sqrt{2}$

答 **(ア) 4 (イ) 2**

(2) $\log_3 9 = \log_3 3^2 = 2\log_3 3 = 2$

$\log_{\frac{1}{2}} 8 = \dfrac{\log_2 8}{\log_2 \frac{1}{2}} = \dfrac{\log_2 2^3}{\log_2 2^{-1}} = \dfrac{3\log_2 2}{-\log_2 2} = \dfrac{3}{-1} = -3$

よって,

$\log_3 9 + \log_{\frac{1}{2}} 8 = 2 + (-3) = -1$

答 **(ウ) − (エ) 1**

(3) $\log_6(8-x)+1 < \log_6(x-1)$

真数条件より

$8-x > 0$ かつ $x-1 > 0$

よって

$1 < x < 8$ ……①

また,

$\log_6(8-x)+1 < \log_6(x-1)$

$\log_6(8-x) + \log_6 6 < \log_6(x-1)$

$\log_6 6(8-x) < \log_6(x-1)$

底6は1より大きいから

$6(8-x) < x-1$

よって $48 - 6x < x - 1$

$-7x < -49$

$x > 7$ ……②

①,②の共通範囲をとり, **$7 < x < 8$**

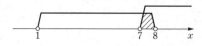

答 **(オ) 7 (カ) 8**

【参考】指数法則

$a^m \times a^n = a^{m+n}$, $a^m \div a^n = a^{m-n}$,

$(a^m)^n = a^{mn}$

$a^{-p} = \dfrac{1}{a^p}$, $a^{\frac{n}{m}} = \sqrt[m]{a^n}$

【参考】対数の性質

和:$\log_a x + \log_a y = \log_a xy$

差:$\log_a x - \log_a y = \log_a \dfrac{x}{y}$

定数倍:$k\log_a x = \log_a x^k$

底の変換:$\log_x y = \dfrac{\log_a y}{\log_a x}$ $(a>0)$

【参考】真数条件

対数における真数は正でなければならない。すなわち,対数 $\log_a x$ は $x>0$ でなければならない。

【参考】底の範囲と不等式

$a>1$ のとき,

$\log_a x > \log_a y \iff x > y > 0$

$0<a<1$ のとき,

$\log_a x > \log_a y \iff 0 < x < y$

7 次の各問いに答えなさい。

(1) 関数 $y = x^3 + 9x^2 + 24x + 13$ は

$$x = \boxed{\text{ア}\ \text{イ}} \text{ のとき,極小値 } \boxed{\text{ウ}\ \text{エ}}$$

をとる。

(2) 放物線 $y = x^2 + 7x + 10$ ……①

と x 軸,y 軸の交点を右の図のように A,B,C とする。

このとき,線分 AB と線分 AC および放物線①で囲まれた

右の斜線部分の面積は

$$\dfrac{\boxed{\text{オ}\ \text{カ}}}{\boxed{\text{キ}}}$$

である。

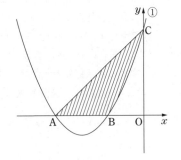

(1) $y = x^3 + 9x^2 + 24x + 13$ を x で微分すると,

$$y' = 3x^2 + 18x + 24$$

$y' = 0$ のとき,

$$3x^2 + 18x + 24 = 0$$
$$x^2 + 6x + 8 = 0$$
$$(x+4)(x+2) = 0$$
$$x = -4,\ -2$$

すなわち,$x = -4,\ -2$ で極値をとり,増減表は下の表のようになる。

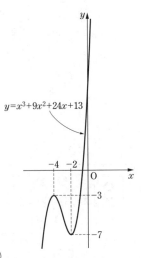

x	$\cdots$	-4	$\cdots$	-2	$\cdots$
y'	$+$	0	$-$	0	$+$
y	↗	極大値	↘	極小値	↗

増減表より,y は $x = -2$ で極小値をとる。($x = -4$ で極大値をとる。)

$x = -2$ のとき,

$$y = (-2)^3 + 9 \cdot (-2)^2 + 24 \cdot (-2) + 13$$
$$= -8 + 36 - 48 + 13$$
$$= -7$$

よって,$x = -2$ のとき,極小値 -7 をとる。

答 **(ア)−** **(イ) 2** **(ウ)−** **(エ) 7**

(2) 放物線 $y = x^2 + 7x + 10$ ……①

放物線①と x 軸との交点 A，B の座標は，

$x^2 + 7x + 10 = 0$　　より

$(x + 2)(x + 5) = 0$

$x = -2, \ -5$

よって，A$(-5, 0)$，B$(-2, 0)$ である。

また，放物線①と y 軸との交点 C の座標は，

①において，$x = 0$ のとき，$y = 0^2 + 7 \cdot 0 + 10 = 10$

よって，C$(0, 10)$ である。

求める斜線部分の面積は

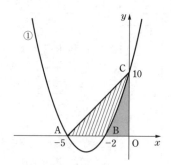

$\triangle$AOC $-$ 図形 BOC（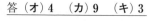の図形）

$= \triangle$AOC $- \displaystyle\int_{-2}^{0} (x^2 + 7x + 10)\,dx$

$= \dfrac{1}{2} \cdot 5 \cdot 10 - \left[\dfrac{1}{3}x^3 + \dfrac{7}{2}x^2 + 10x\right]_{-2}^{0}$

$= 25 - \left\{0 - \left(\dfrac{1}{3} \cdot (-2)^3 + \dfrac{7}{2} \cdot (-2)^2 + 10 \cdot (-2)\right)\right\}$

$= 25 + \left(-\dfrac{8}{3} + 14 - 20\right)$

$= 25 - \dfrac{26}{3}$

$= \dfrac{49}{3}$

【参考】曲線に囲まれた図形の面積

曲線 $y = f(x)$ と x 軸，2直線 $x = a$，

$x = b$ で囲まれた図形の面積 S は

$$S = \int_{a}^{b} f(x)\,dx$$

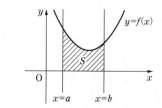

答 （オ）4　（カ）9　（キ）3

---

8 次の各問いに答えなさい。

(1) 第4項が30，第10項が72である等差数列 $\{a_n\}$ について，一般項 a_n は

$a_n = \boxed{\ \text{ア}\ } \, n + \boxed{\ \text{イ}\ }$

である。

(2) 第2項が -6 で，第2項から第4項までの和が -42 である等比数列 $\{b_n\}$ の

初項は　$\boxed{\ \text{ウ}\ }$

公比は　$\boxed{\text{エ}|\text{オ}}$

である。ただし，初項は正とする。

(3) $\displaystyle\sum_{k=1}^{14} \dfrac{1}{(k+1)(k+2)} = \dfrac{\boxed{\ \text{カ}\ }}{\boxed{\text{キ}|\text{ク}}}$　である。

解 答

(1) 等差数列 $\{a_n\}$ の初項を a, 公差を d とすると,

$$a_4 = a + (4-1)d = 30 \quad より \quad a + 3d = 30 \quad \cdots\cdots①$$
$$a_{10} = a + (10-1)d = 72 \quad より \quad a + 9d = 72 \quad \cdots\cdots②$$

②－①より

$$6d = 42$$
$$d = 7$$

①に代入して,

$$a + 3 \cdot 7 = 30$$
$$a = 30 - 21$$
$$a = 9$$

よって, 等差数列の一般項 a_n は

$$a_n = 9 + (n-1) \cdot 7$$
$$= 9 + 7n - 7$$
$$= \boldsymbol{7n + 2}$$

【参考】等差数列の一般項

初項 a, 公差 d である等差数列の一般項 a_n は
$$a_n = a + (n-1)d$$

答 (ア) **7** (イ) **2**

(2) 等比数列 $\{b_n\}$ の初項を b(ただし, $b>0$), 公比を r とすると,

$$b_2 = br^{2-1} = -6 \quad より \quad br = -6 \quad \cdots\cdots①$$
$$b_2 + b_3 + b_4 = br + br^{3-1} + br^{4-1} = -42 \quad より$$
$$br + br^2 + br^3 = -42 \quad \cdots\cdots②$$

①を②に代入すると,

$$-6 + (-6)r + (-6)r^2 = -42$$

両辺を -6 で割ると

$$1 + r + r^2 = 7$$

よって,

$$r^2 + r - 6 = 0$$
$$(r+3)(r-2) = 0$$
$$r = -3, \ 2$$

ここで, ①と条件 $b>0$ より $r<0$

よって, $r = -3$

これを①に代入して,

$$b \cdot (-3) = -6$$
$$b = 2$$

よって, 等比数列 $\{b_n\}$ の初項は **2**, 公比は **-3** である。

【参考】等比数列の一般項

初項 b, 公比 r の等比数列の一般項 b_n は
$$b_n = br^{n-1}$$

答 (ウ) **2** (エ) **-** (オ) **3**

(3) $\dfrac{1}{(k+1)(k+2)} = \dfrac{1}{k+1} - \dfrac{1}{k+2}$ より

$$\sum_{k=1}^{14} \dfrac{1}{(k+1)(k+2)} = \sum_{k=1}^{14}\left(\dfrac{1}{k+1} - \dfrac{1}{k+2}\right)$$

$$= \left(\dfrac{1}{1+1} - \dfrac{1}{\cancel{1+2}}\right) + \left(\dfrac{1}{\cancel{2+1}} - \dfrac{1}{\cancel{2+2}}\right) + \left(\dfrac{1}{\cancel{3+1}} - \dfrac{1}{\cancel{3+2}}\right) + \cdots\cdots$$

$$+ \left(\dfrac{1}{\cancel{13+1}} - \dfrac{1}{\cancel{13+2}}\right) + \left(\dfrac{1}{\cancel{14+1}} - \dfrac{1}{14+2}\right)$$

$$= \dfrac{1}{2} - \dfrac{1}{16} = \dfrac{7}{16}$$

答 （カ）**7** （キ）**1** （ク）**6**

数学　9月実施　文系　　正解と配点

問題番号		設問	正解	配点
1	(1)	ア	2	2
		イ	7	
		ウ	1	2
		エ	8	
	(2)	オ	⑤	4
	(3)	カ	7	4
		キ	1	
		ク	1	
	(4)	ケ	5	2
		コ	3	
		サ	7	2
	(5)	シ	2	4
		ス	3	
	(6)	セ	8	4
		ソ	5	
2	(1)	ア	2	3
		イ	0	
	(2)	ウ	4	4
		エ	5	
	(3)	オ	⑥	4
3	(1)	ア	2	3
		イ	7	
	(2)	ウ	7	2
		エ	—	2
		オ	9	
	(3)	カ	1	4
		キ	8	
4	(1)	ア	—	2
		イ	7	
		ウ	1	
		エ	8	2
	(2)	オ	—	3
		カ	1	
	(3)	キ	—	4
		ク	5	

問題番号		設問	正解	配点
5	(1)	ア	8	3
		イ	6	
	(2)	ウ	4	4
		エ	5	
	(3)	オ	②	4
		カ	⑧	
6	(1)	ア	4	3
		イ	2	
	(2)	ウ	—	4
		エ	1	
	(3)	オ	7	4
		カ	8	
7	(1)	ア	—	2
		イ	2	
		ウ	—	3
		エ	7	
	(2)	オ	4	5
		カ	9	
		キ	3	
8	(1)	ア	7	3
		イ	2	
	(2)	ウ	2	2
		エ	—	2
		オ	3	
	(3)	カ	7	4
		キ	1	
		ク	6	

$\boxed{1}$ 次の各問いに答えなさい。

(1) 2次関数 $y = x^2 + 8x + 11$ のグラフを x 軸方向に 3，y 軸方向に -5 だけ平行移動したグラフを表す式は

$$y = x^2 + \boxed{\ \ ア\ \ }\ x - \boxed{\ \ イ\ \ }$$

である。

(2) $\triangle$ABC において，AB $= 2$，CA $= \sqrt{2}$，$\angle$A $= 135°$ であるとき

$$BC = \sqrt{\boxed{\ ウ\ }\boxed{\ エ\ }}$$

である。

(3) 整式 $x^3 - x + 1$ を整式 $2x - 1$ で割ると，余りは

$$\dfrac{\boxed{\ オ\ }}{\boxed{\ カ\ }}$$

である。

(4) $\dfrac{13 - 9i}{1 - 3i} = \boxed{\ \ キ\ \ } + \boxed{\ \ ク\ \ }\ i$ である。ただし，i は虚数単位とする。

(5) 円 $x^2 + y^2 = 5$ と直線 $x - 2y = k$ が共有点をもつとき，定数 k のとり得る値の範囲は

$$\boxed{\ ケ\ }\boxed{\ コ\ } \leq k \leq \boxed{\ \ サ\ \ }$$

である。

(6) 鈍角 θ について，$\sin\theta = \dfrac{3}{5}$ のとき，$\sin 2\theta = \boxed{\ \ シ\ \ }$ である。$\boxed{\ \ シ\ \ }$ に最も適するものを

下の選択肢から選び，番号で答えなさい。

〈選択肢〉

① $\dfrac{4}{5}$　　② $\dfrac{7}{25}$　　③ $\dfrac{12}{25}$　　④ $\dfrac{24}{25}$

⑤ $-\dfrac{4}{5}$　　⑥ $-\dfrac{7}{25}$　　⑦ $-\dfrac{12}{25}$　　⑧ $-\dfrac{24}{25}$

(7) 2つのベクトル $\vec{a} = (4,\ 7)$，$\vec{b} = (-1,\ 8)$ のなす角を θ とすると

$$\cos\theta = \dfrac{\boxed{\ \ ス\ \ }}{\boxed{\ \ セ\ \ }}$$

である。

(8) 双曲線 $\dfrac{x^2}{5}-\dfrac{y^2}{3}=1$ の焦点は，2点 □ソ□ である。□ソ□ に最も適するものを下の選択

肢から選び，番号で答えなさい。

〈選択肢〉
① $(2,\ 0)$，$(-2,\ 0)$　　② $(\sqrt{2},\ 0)$，$(-\sqrt{2},\ 0)$
③ $(8,\ 0)$，$(-8,\ 0)$　　④ $(2\sqrt{2},\ 0)$，$(-2\sqrt{2},\ 0)$
⑤ $(0,\ 2)$，$(0,\ -2)$　　⑥ $(0,\ \sqrt{2})$，$(0,\ -\sqrt{2})$
⑦ $(0,\ 8)$，$(0,\ -8)$　　⑧ $(0,\ 2\sqrt{2})$，$(0,\ -2\sqrt{2})$

【解答】

(1)
$$y=x^2+8x+11$$
$$=(x+4)^2-16+11$$
$$=(x+4)^2-5$$

よって，放物線のグラフの頂点は，$(-4,\ -5)$

頂点を x 軸方向に 3，y 軸方向に -5 だけ移動すると，

　　x 座標：$-4+3=-1$　　　y 座標：$-5-5=-10$

頂点が $(-1,\ -10)$ となるので，移動後の放物線を表す式は，

$$y=(x+1)^2-10$$
$$=x^2+2x-9$$

答　（ア）2　（イ）9

【別解】　右の平行移動の公式を用いて，移動後の式は
$$y-(-5)=(x-3)^2+8(x-3)+11$$
$$y=x^2+2x-9$$

【参考】グラフの平行移動
　　関数 $y=f(x)$ を x 軸方向へ p，y 軸
方向へ q だけ平行移動したグラフの式は，
$$y-q=f(x-p)$$

(2) △ABC において，余弦定理より
$$BC^2=AB^2+CA^2-2\cdot AB\cdot CA\cdot\cos A$$
$$=2^2+(\sqrt{2})^2-2\cdot2\cdot\sqrt{2}\cos135°$$
$$=4+2-4\sqrt{2}\cdot\left(-\dfrac{\sqrt{2}}{2}\right)$$
$$=10$$
$BC>0$ より，$BC=\sqrt{10}$

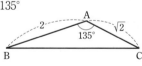

答　（ウ）1　（エ）0

【参考】余弦定理
$$a^2=b^2+c^2-2bc\cos A$$

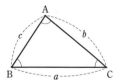

(3) $P(x) = x^3 - x + 1$ とおく。

剰余定理より，$P(x)$ を $2x-1$ で割った余りは

$$P\left(\frac{1}{2}\right) = \left(\frac{1}{2}\right)^3 - \frac{1}{2} + 1$$

$$= \frac{5}{8}$$

答（オ）5 （カ）8

【参考】剰余定理

　多項式 $P(x)$ と1次式 $Q(x)$ について，$Q(x) = 0$ の解を a とする。このとき，$P(x)$ を $Q(x)$ で割った余りは $P(a)$ となる。

※左の式の場合，$Q(x) = 2x-1$ で，$Q(x) = 0$ の解は $\frac{1}{2}$ である。

(4)

$$\frac{13-9i}{1-3i} = \frac{(13-9i)(1+3i)}{(1-3i)(1+3i)}$$

$$= \frac{13+30i-27i^2}{1^2-(3i)^2}$$

$$= \frac{40+30i}{1+9}$$

$$= 4+3i$$

答（キ）4 （ク）3

(5) 円 $x^2 + y^2 = 5$ は中心が原点 $(0, 0)$ で半径が $\sqrt{5}$ なので，直線 $x-2y=k$ との共有点を持つためには，直線 $x-2y=k$ と原点との距離が $\sqrt{5}$ 以下であればよい。

　原点と直線 $x-2y-k=0$ との距離を d とおくと，

$$d = \frac{|1 \cdot 0 + (-2) \cdot 0 - k|}{\sqrt{1^2+(-2)^2}} = \frac{|k|}{\sqrt{5}}$$

$d \leqq \sqrt{5}$ なので，

$$\frac{|k|}{\sqrt{5}} \leqq \sqrt{5}$$

$$|k| \leqq 5$$

したがって，　$-5 \leqq k \leqq 5$

答（ケ）− （コ）5 （サ）5

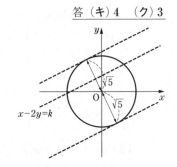

【参考】点と直線の距離

　点 (p, q) と直線 $ax+by+c=0$ の距離 d は

$$d = \frac{|ap+bq+c|}{\sqrt{a^2+b^2}}$$

(6) $\sin^2\theta + \cos^2\theta = 1$ より，

$$\cos^2\theta = 1 - \left(\frac{3}{5}\right)^2$$

$$= \frac{16}{25}$$

θ は鈍角なので，$\frac{\pi}{2} < \theta < \pi$ であり，$-1 < \cos\theta < 0$ となる。

よって，$\cos\theta = -\frac{4}{5}$

$$\sin2\theta = 2\sin\theta\cos\theta$$

$$= 2 \cdot \frac{3}{5} \cdot \left(-\frac{4}{5}\right)$$

$$= -\frac{24}{25}$$

【参考】2倍角の公式

$$\sin2\theta = 2\sin\theta\cos\theta$$

$$\cos2\theta = 1 - 2\sin^2\theta$$

$$= 2\cos^2\theta - 1$$

$$\tan2\theta = \frac{2\tan\theta}{1-\tan^2\theta}$$

答（シ）⑧

(7) $\vec{a}=(4,\ 7)$, $\vec{b}=(-1,\ 8)$ について,

$|\vec{a}|=\sqrt{4^2+7^2}=\sqrt{65}$

$|\vec{b}|=\sqrt{(-1)^2+8^2}=\sqrt{65}$

$\vec{a}\cdot\vec{b}=4\cdot(-1)+7\cdot8=52$

よって,$\vec{a}$ と $\vec{b}$ のなす角 θ について,

$$\begin{aligned}\cos\theta &= \frac{\vec{a}\cdot\vec{b}}{|\vec{a}||\vec{b}|}\\ &= \frac{52}{\sqrt{65}\cdot\sqrt{65}}\\ &= \frac{4}{5}\end{aligned}$$

答 （ス）**4** （セ）**5**

(8) 双曲線 $\dfrac{x^2}{5}-\dfrac{y^2}{3}=1$ は焦点が x 軸上にある。

$\sqrt{5+3}=2\sqrt{2}$ より,焦点は,2点 $(2\sqrt{2},\ 0)$,

$(-2\sqrt{2},\ 0)$ である。

答 （ソ）④

【参考】ベクトルの大きさと内積

$\vec{a}=(a_1,\ a_2)$, $\vec{b}=(b_1,\ b_2)$ のとき,

$\vec{a}$ の大きさ：$|\vec{a}|=\sqrt{a_1^2+a_2^2}$

$\vec{a}$ と $\vec{b}$ の内積：$\vec{a}\cdot\vec{b}=a_1b_1+a_2b_2$

【参考】2つのベクトルのなす角

$\vec{a}$ と $\vec{b}$ のなす角を θ とすると,

$$\vec{a}\cdot\vec{b}=|\vec{a}||\vec{b}|\cos\theta$$

これより,次のようにも表せる。

$$\cos\theta=\frac{\vec{a}\cdot\vec{b}}{|\vec{a}||\vec{b}|}$$

【参考】双曲線と焦点

双曲線 $\dfrac{x^2}{a^2}-\dfrac{y^2}{b^2}=1$ について,

焦点は $(\pm\sqrt{a^2+b^2},\ 0)$

漸近線は $y=\pm\dfrac{b}{a}x$

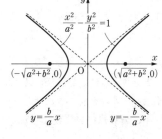

$\frac{x^2}{a^2}-\frac{y^2}{b^2}=1$

$(-\sqrt{a^2+b^2},0)$ $(\sqrt{a^2+b^2},0)$

$y=\frac{b}{a}x$ $y=-\frac{b}{a}x$

2 次の各問いに答えなさい。

(1) 積が4732で，最小公倍数が364である2つの正の整数の最大公約数は $\boxed{\text{ア}\ \text{イ}}$ である。

(2) ある高校のサッカー部35人とテニス部20人について，50m走のタイムを測定し，そのデータを下のような箱ひげ図に表した。下の選択肢 ⓪〜④ のうち，これらの箱ひげ図から読み取れることとして正しいものは $\boxed{\text{ウ}}$ である。$\boxed{\text{ウ}}$ に最も適するものを選び，番号で答えなさい。

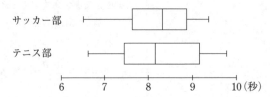

〈選択肢〉

⓪ テニス部のタイムの中央値は，サッカー部のタイムの中央値より大きい。

① サッカー部のタイムの第3四分位数は，テニス部のタイムの第3四分位数より大きい。

② サッカー部でタイムが9秒より速い人は，26人以下である。

③ テニス部でタイムが8秒より遅い人は，10人以上いる。

(3) 等式 $xy - 3x + 5y - 19 = 0$ を満たす整数 x，y の組は，全部で $\boxed{\text{エ}}$ 組ある。

【解 答】

(1) 2つの正の整数を A，B，A と B の最大公約数を G とする。このとき，$A = aG$，$B = bG$ となる正の整数 a，b が存在する。ただし，a と b は互いに素である。

A と B の最小公倍数は abG と表せるため，

$$abG = 364$$

である。また，$AB = 4732$ であるため，

$$abG^2 = 4732$$

すなわち，

$$364G = 4732$$
$$G = 13$$

答（ア）1 （イ）3

(2) 問いの図において,

① テニス部の中央値は, サッカー部の中央値より小さいので誤りである。

② サッカー部の第3四分位数は, テニス部の第3四分位数より小さいので誤りである。

③ サッカー部では, 中央値が小さい方から18番目の値であり, 第3四分位数が小さい方から27番目の値である。

この第3四分位数が9より小さいので, 9秒より速い人は27人以上いる。すなわち誤りである。

④ テニス部では, 中央値が小さい方から10番目と11番目の値の平均値である。この中央値が8より大きいので, 11番目以降の値はすべて8より大きい。よって, 8秒より遅い人は10人以上いる。すなわち正しい。

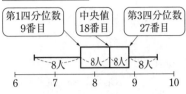

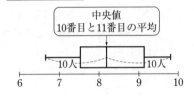

答 (ウ) ④

(3) $xy - 3x + 5y - 19 = 0$ より,

$(x+5)(y-3) + 15 - 19 = 0$

$(x+5)(y-3) = 4$

x, y は整数なので, $x+5, y-3$ も整数である。これらの積が4であるので,

$(x+5, y-3) = (1, 4), (2, 2), (4, 1), (-1, -4), (-2, -2), (-4, -1)$

すなわち, $(x, y) = (-4, 7), (-3, 5), (-1, 4), (-6, -1), (-7, 1), (-9, 2)$

よって, x, y の組は, 全部で **6** 組ある。

答 (エ) 6

---

3 男子5人, 女子3人の計8人からくじ引きで2人の委員を選ぶとき, 次の問いに答えなさい。

(1) 委員の選び方の総数は

ア イ 通り

ある。

(2) 男子1人, 女子1人が委員に選ばれる確率は

$$\frac{ウ \quad エ}{オ \quad カ}$$

である。

(3) 選ばれた2人の委員に少なくとも1人男子が含まれるとわかったときに, 委員が2人とも男子である条件付き確率は

$$\frac{キ}{ク}$$

である。

解答

(1) 8人から2人を選ぶ選び方なので,

$$_8C_2 = \frac{8 \cdot 7}{2 \cdot 1} = 28 \text{(通り)}$$

答（ア）2　（イ）8

(2) 男子を5人から1人選び, 女子を3人から1人選ぶ。これらは独立した事象なので,

$$_5C_1 \times _3C_1 = 15 \text{(通り)}$$

全事象は(1)より28通りなので, 求める確率は, $\dfrac{15}{28}$

答（ウ）1　（エ）5　（オ）2　（カ）8

(3) 「2人の委員の少なくとも1人が男子である」事象をE,「委員が2人とも男子である」事象をFとする。

このとき, 事象$E \cap F$は「委員が2人とも男子である」を表す。

$$P(E \cap F) = \frac{_5C_2}{_8C_2} = \frac{10}{28} = \frac{5}{14}$$

また, 事象$\overline{E}$は「2人の委員に男子が選ばれない」, すなわち「委員が2人とも女子である」を表す。

よって, $P(E)$は,

$$P(E) = 1 - P(\overline{E}) = 1 - \frac{_3C_2}{_8C_2} = 1 - \frac{3}{28}$$
$$= \frac{25}{28}$$

よって, 求める条件付き確率$P_E(F)$は,

$$P_E(F) = \frac{P(E \cap F)}{P(E)} = \frac{\dfrac{5}{14}}{\dfrac{25}{28}} = \frac{2}{5}$$

答（キ）2　（ク）5

> **【参考】条件付き確率**
>
> 全事象Uにおいて, 事象Eを前提として事象Fが起こる確率を$P_E(F)$と表し,
>
> $$P_E(F) = \frac{P(E \cap F)}{P(E)} \quad \cdots\cdots①$$
>
> である。
>
> ※以下のベン図より, $P(E \cap F) = P(E) \cdot P_E(F)$であるため, ①が成り立つ。
>
>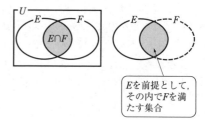
>
> Eを前提として, その内でFを満たす集合

4 次の各問いに答えなさい。

(1) 3次関数 $y=\dfrac{1}{3}x^3-x^2-3x$ について

極大値は $\dfrac{\boxed{\text{ア}}}{\boxed{\text{イ}}}$

である。

(2) 放物線 $y=x^2+ax+b$ ……① が

直線 $y=2x-1$ ……② と x 座標が2である点で接してい

る。このとき

$a=\boxed{\text{ウ}\ \text{エ}}$, $b=\boxed{\text{オ}}$

であり，放物線①，直線②および y 軸で囲まれた右図の斜線

部分の面積は

$\dfrac{\boxed{\text{カ}}}{\boxed{\text{キ}}}$

である。

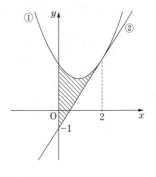

(1) $y=\dfrac{1}{3}x^3-x^2-3x$ を x で微分する。

$\quad y'=x^2-2x-3$

$y'=0$ のとき

$\quad x^2-2x-3=0$

$\quad (x+1)(x-3)=0$

$\quad x=-1,\ 3$

すなわち，$x=-1,\ 3$ で極値をとる。

したがって，右のような増減表ができる。

$x=-1$ のとき極大となり，

$\quad y=\dfrac{1}{3}\cdot(-1)^3-(-1)^2-3\cdot(-1)$

$\quad =-\dfrac{1}{3}-1+3=\dfrac{5}{3}$

したがって，$x=-1$ で極大値 $\dfrac{5}{3}$ をとる。（$x=3$ で極小値をとる。）

x	$\cdots$	-1	$\cdots$	3	$\cdots$
y'	$+$	0	$-$	0	$+$
y	↗	極大値	↘	極小値	↗

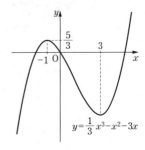

答 （**ア**）**5** （**イ**）**3**

(2) 放物線：$y=x^2+ax+b$　……①

直線：$y=2x-1$　　　……②

①の式において，$x=2$ のとき，$y=4+2a+b$

②の式において，$x=2$ のとき，$y=3$

①と②のグラフは $x=2$ のとき，座標が一致しているから，

$\quad 4+2a+b=3$

$$2a+b=-1 \quad \cdots\cdots ③$$

また，①の式を x で微分すると，$y'=2x+a$

$x=2$ のとき，$y'=4+a$

②は①の $x=2$ における接線であり，傾きが 2 なので，

$$4+a=2 \quad すなわち，a=-2$$

③に代入して，$-4+b=-1 \quad すなわち，b=3$

したがって，放物線①は $y=x^2-2x+3$ であり，①，②および
y 軸で囲まれた右図の斜線部分の面積は，

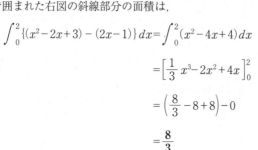

$$\int_0^2 \{(x^2-2x+3)-(2x-1)\}\,dx = \int_0^2 (x^2-4x+4)\,dx$$

$$= \left[\frac{1}{3}x^3 - 2x^2 + 4x\right]_0^2$$

$$= \left(\frac{8}{3}-8+8\right)-0$$

$$= \frac{8}{3}$$

答（ウ）－　（エ）2　（オ）3　（カ）8　（キ）3

5 次の各問いに答えなさい。

(1) (i) $\sqrt[3]{54} \div 2\sqrt{3} \times 4^{\frac{1}{3}} = \sqrt{\boxed{\text{ア}}}$ である。

(ii) 不等式 $\log_2(x-5) + \log_2(x+2) < 3$ の解は

$$\boxed{\text{イ}} < x < \boxed{\text{ウ}}$$

である。

(iii) 関数 $y = \left(\frac{1}{9}\right)^x - 2\left(\frac{1}{3}\right)^{x-1}$

の最小値は $\boxed{\text{エ}\,\text{オ}}$ である。

(2) $0 \le \theta < 2\pi$ のとき，$2\sin^2\theta + \cos\theta - 1 = 0$ を満たす θ の値は

$$\theta = \boxed{\text{カ}}\,,\ \boxed{\text{キ}}\,,\ \boxed{\text{ク}}$$

である。$\boxed{\text{カ}}$, $\boxed{\text{キ}}$, $\boxed{\text{ク}}$ に最も適するものを下の選択肢から選び，番号で答えなさい。ただし，$\boxed{\text{カ}} < \boxed{\text{キ}} < \boxed{\text{ク}}$ とする。

───〈選択肢〉───

① 0　　② $\dfrac{\pi}{6}$　　③ $\dfrac{\pi}{3}$　　④ $\dfrac{\pi}{2}$　　⑤ $\dfrac{2}{3}\pi$

⑥ $\dfrac{5}{6}\pi$　　⑦ π　　⑧ $\dfrac{7}{6}\pi$　　⑨ $\dfrac{4}{3}\pi$

解 答

(1) (i) $\sqrt[3]{54} \div 2\sqrt{3} \times 4^{\frac{1}{3}} = (2 \times 3^3)^{\frac{1}{3}} \div (2 \times 3^{\frac{1}{2}}) \times 2^{\frac{2}{3}}$

$$= 2^{\left(\frac{1}{3} - 1 + \frac{2}{3}\right)} \times 3^{\left(1 - \frac{1}{2}\right)}$$
$$= 2^0 \times 3^{\frac{1}{2}}$$
$$= \sqrt{3}$$

答 **(ア) 3**

(ii) 真数条件より，$x - 5 > 0$ かつ $x + 2 > 0$，すなわち $x > 5$ ……①
である。

$$\log_2(x-5) + \log_2(x+2) < 3$$
$$\log_2(x-5)(x+2) < \log_2 8$$

底は 1 より大きいので，

$$(x-5)(x+2) < 8$$
$$x^2 - 3x - 18 < 0$$
$$(x+3)(x-6) < 0$$
$$-3 < x < 6 \quad \cdots\cdots ②$$

①，②の共通範囲をとって，**$5 < x < 6$**

答 **(イ) 5　(ウ) 6**

> **【参考】真数条件**
>
> 対数における真数は正でなければならない。すなわち，対数 $\log_a x$ は $x > 0$ でなければならない。

> **【参考】対数の性質**
>
> 和：$\log_a x + \log_a y = \log_a xy$
>
> 差：$\log_a x - \log_a y = \log_a \dfrac{x}{y}$
>
> 定数倍：$k\log_a x = \log_a x^k$
>
> 底の変換：$\log_x y = \dfrac{\log_a y}{\log_a x} \quad (a > 0)$

(iii) $\quad y = \left(\dfrac{1}{9}\right)^x - 2\left(\dfrac{1}{3}\right)^{x-1}$

$$= \left(\dfrac{1}{3}\right)^{2x} - 2\left(\dfrac{1}{3}\right)^x \left(\dfrac{1}{3}\right)^{-1}$$
$$= \left\{\left(\dfrac{1}{3}\right)^x\right\}^2 - 6\left(\dfrac{1}{3}\right)^x$$

$X = \left(\dfrac{1}{3}\right)^x$ とおくと，$X > 0$ であり，

$$y = X^2 - 6X$$
$$= (X-3)^2 - 9$$

$X > 0$ より，$X = 3$ のとき y は最小値 **-9** をとる。

このとき，$\left(\dfrac{1}{3}\right)^x = 3$ すなわち，$x = -1$ である。

答 **(エ)$-$　(オ) 9**

> **【参考】底の範囲と不等式**
>
> $a > 1$ のとき，
> $$\log_a x > \log_a y \quad \Leftrightarrow \quad x > y > 0$$
> $0 < a < 1$ のとき，
> $$\log_a x > \log_a y \quad \Leftrightarrow \quad 0 < x < y$$

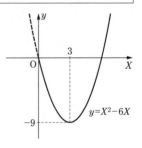

(2) $\sin^2\theta + \cos^2\theta = 1$ より，

$$2\sin^2\theta + \cos\theta - 1 = 0$$
$$2(1 - \cos^2\theta) + \cos\theta - 1 = 0$$
$$2\cos^2\theta - \cos\theta - 1 = 0$$
$$(\cos\theta - 1)(2\cos\theta + 1) = 0$$
$$\cos\theta = -\dfrac{1}{2},\ 1$$

$0 \leqq \theta < 2\pi$ より，$\theta = \mathbf{0},\ \dfrac{\mathbf{2}}{\mathbf{3}}\pi,\ \dfrac{\mathbf{4}}{\mathbf{3}}\pi$

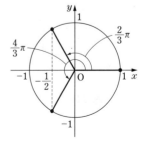

答 **(カ)①　(キ)⑤　(ク)⑨**

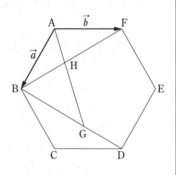

6 1辺の長さが2である正六角形 ABCDEF において，線分 BD を2：1に内分する点を G，線分 AG と線分 BF の交点を H とする。$\overrightarrow{AB}=\vec{a}$, $\overrightarrow{AF}=\vec{b}$ とするとき，次の問いに答えなさい。

(1) $\overrightarrow{AD}$ を $\vec{a}$ と $\vec{b}$ を用いて表すと

$$\overrightarrow{AD}=\boxed{\text{ア}}\,\vec{a}+\boxed{\text{イ}}\,\vec{b}$$

である。

(2) $\overrightarrow{AC}$ と $\overrightarrow{AE}$ の内積は

$$\overrightarrow{AC}\cdot\overrightarrow{AE}=\boxed{\text{ウ}}$$

である。

(3) $\overrightarrow{AH}$ を $\vec{a}$ と $\vec{b}$ を用いて表すと

$$\overrightarrow{AH}=\frac{\boxed{\text{エ}}}{\boxed{\text{オ}}}\,\vec{a}+\frac{\boxed{\text{カ}}}{\boxed{\text{キ}}}\,\vec{b}$$

である。

解 答

(1) 直線 BE と直線 CF の交点を O とする。このとき，六角形 ABCDEF は正六角形なので，四角形 ABOF は平行四辺形であり，

$$\overrightarrow{AO}=\vec{a}+\vec{b}$$

また，O は AD の中点となるので，

$$\overrightarrow{AD}=2\overrightarrow{AO}=2\vec{a}+2\vec{b}$$

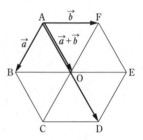

答（ア）2 （イ）2

(2) (1)より，$\overrightarrow{AD}=2\vec{a}+2\vec{b}$ なので，

$$\begin{aligned}\overrightarrow{AC}&=\overrightarrow{AD}+\overrightarrow{DC}\\&=(2\vec{a}+2\vec{b})+(-\vec{b})\\&=2\vec{a}+\vec{b}\end{aligned}$$

$$\begin{aligned}\overrightarrow{AE}&=\overrightarrow{AD}+\overrightarrow{DE}\\&=(2\vec{a}+2\vec{b})+(-\vec{a})\\&=\vec{a}+2\vec{b}\end{aligned}$$

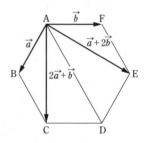

したがって，

$$\begin{aligned}\overrightarrow{AC}\cdot\overrightarrow{AE}&=(2\vec{a}+\vec{b})\cdot(\vec{a}+2\vec{b})\\&=2\vec{a}\cdot\vec{a}+5\vec{a}\cdot\vec{b}+2\vec{b}\cdot\vec{b}\\&=2|\vec{a}|^2+5\vec{a}\cdot\vec{b}+2|\vec{b}|^2\end{aligned}$$

ここで，$|\vec{a}|=|\vec{b}|=2$, $\vec{a}\cdot\vec{b}=|\vec{a}||\vec{b}|\cos120°=-2$ なので，

$$\begin{aligned}\overrightarrow{AC}\cdot\overrightarrow{AE}&=8-10+8\\&=\mathbf{6}\end{aligned}$$

答（ウ）6

【別解】 △ACF は30°，60°，90°の角を持つ三角形なので，

AF=2 より，AC=$\sqrt{3}\times$AF=$2\sqrt{3}$

同様に，AE=$2\sqrt{3}$ である。

また，$\angle CAE = 60°$ なので，

$$\overrightarrow{AC} \cdot \overrightarrow{AE} = |\overrightarrow{AC}||\overrightarrow{AE}|\cos 60°$$

$$= 2\sqrt{3} \cdot 2\sqrt{3} \cdot \frac{1}{2}$$

$$= \boldsymbol{6}$$

(3) 点 G は線分 BD を $2 : 1$ に内分する点なので，

$$\overrightarrow{AG} = \frac{1 \cdot \overrightarrow{AB} + 2 \cdot \overrightarrow{AD}}{2 + 1}$$

$$= \frac{\vec{a} + 2(2\vec{a} + 2\vec{b})}{3}$$

$$= \frac{5\vec{a} + 4\vec{b}}{3}$$

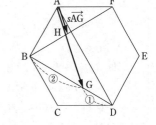

点 H は線分 AG 上の点なので，$\overrightarrow{AH} = s\overrightarrow{AG}$ とすると，

$$\overrightarrow{AH} = s \cdot \frac{5\vec{a} + 4\vec{b}}{3}$$

$$= \frac{5}{3}s\vec{a} + \frac{4}{3}s\vec{b} \qquad \cdots\cdots ①$$

また，H は線分 BF 上の点なので，$BH : HF = t : (1-t)$ とおくと，

$$\overrightarrow{AH} = (1-t)\overrightarrow{AB} + t\overrightarrow{AF}$$

$$= (1-t)\vec{a} + t\vec{b} \qquad \cdots\cdots ②$$

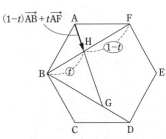

$\vec{a}$ と $\vec{b}$ は $\vec{0}$ でなく，平行でないので，①，②より，

$$\begin{cases} \dfrac{5}{3}s = 1-t & \cdots\cdots ③ \\[2mm] \dfrac{4}{3}s = t & \cdots\cdots ④ \end{cases}$$

③＋④より，$3s = 1$　$s = \dfrac{1}{3}$　　したがって，①より

$$\overrightarrow{AH} = \frac{5}{3} \cdot \frac{1}{3}\vec{a} + \frac{4}{3} \cdot \frac{1}{3}\vec{b}$$

$$= \frac{5}{9}\vec{a} + \frac{4}{9}\vec{b}$$

答　(エ) 5　(オ) 9　(カ) 4　(キ) 9

7

次の各問いに答えなさい。

(1) 第13項が-17，第30項が-51である等差数列 $\{a_n\}$ の一般項 a_n は
$$a_n = \boxed{\text{ア}}\boxed{\text{イ}}n + \boxed{\text{ウ}}$$
である。

(2) 数列 $\{b_n\}$ に対して $c_n = 2n + b_n$ とおく。数列 $\{c_n\}$ が初項-3，公比-2の等比数列であるとき
$$b_6 = \boxed{\text{エ}}\boxed{\text{オ}}$$
である。

(3) 1, $1+2$, $1+2+3$, $1+2+3+4$, ……

のように，n 番目の項が1から n までの連続した自然数の和である数列について，初項から第17項までの和は $\boxed{\text{カ}}\boxed{\text{キ}}\boxed{\text{ク}}$ である。

解 答

(1) 等差数列 $\{a_n\}$ の初項を a，公差を d とすると，一般項 a_n は
$$a_n = a + (n-1)d$$
条件より，
$$a_{13} = a + 12d = -17 \quad \cdots\cdots①$$
$$a_{30} = a + 29d = -51 \quad \cdots\cdots②$$
②$-$①より，$17d = -34$ $d = -2$
①に代入し，$a = 7$
よって，
$$a_n = 7 + (n-1) \times (-2)$$
$$= -2n + 9$$

答（ア）$-$ （イ）2 （ウ）9

(2) 等比数列 $\{c_n\}$ は初項-3，公比-2なので，一般項 c_n は
$$c_n = (-3) \cdot (-2)^{n-1}$$
したがって，
$$b_n = c_n - 2n$$
$$= (-3) \cdot (-2)^{n-1} - 2n$$
よって，
$$b_6 = (-3) \cdot (-2)^{6-1} - 2 \cdot 6$$
$$= (-3) \cdot (-32) - 12$$
$$= 84$$

答（エ）8 （オ）4

— 208 —

(3) 1 から n までの整数の和は $\dfrac{n(n+1)}{2}$ と表せるので，求める数列を $\{a_n\}$ とすると，一般項 a_n は

$$a_n = \frac{n(n+1)}{2}$$

この数列の初項から第 n 項までの和 S_n は，

$$S_n = \sum_{k=1}^{n} \frac{1}{2}\,k(k+1)$$

$$= \frac{1}{2}\sum_{k=1}^{n}(k^2+k)$$

$$= \frac{1}{2}\left\{\frac{1}{6}\,n(n+1)(2n+1) + \frac{1}{2}\,n(n+1)\right\}$$

$$= \frac{1}{12}\,n(n+1)\{(2n+1)+3\}$$

$$= \frac{1}{6}\,n(n+1)(n+2)$$

よって，初項から第17項までの和は，

$$S_{17} = \frac{1}{6}\cdot 17\cdot 18\cdot 19$$

$$= 969$$

> 【参考】Σの公式
>
> $$\sum_{k=1}^{n} k = \frac{1}{2}\,n(n+1)$$
>
> $$\sum_{k=1}^{n} k^2 = \frac{1}{6}\,n(n+1)(2n+1)$$
>
> $$\sum_{k=1}^{n} k^3 = \left\{\frac{1}{2}\,n(n+1)\right\}^2$$

答 （カ）9 （キ）6 （ク）9

8

次の各問いに答えなさい。ただし，i は虚数単位とする。

(1) 複素数 $\dfrac{1+\sqrt{3}\,i}{\sqrt{2}}$ を極形式で表すと

$$\sqrt{\boxed{\text{ア}}}\left(\cos\frac{\pi}{\boxed{\text{イ}}} + i\sin\frac{\pi}{\boxed{\text{イ}}}\right)$$

である。ただし，$0 \leqq \dfrac{\pi}{\boxed{\text{イ}}} < \pi$ とする。

(2) $\left(\dfrac{1+\sqrt{3}\,i}{\sqrt{2}}\right)^{12} = \boxed{\text{ウ}}\,\boxed{\text{エ}}$

である。

(3) 複素数平面上の点 $\sqrt{3}-5i$ を，原点を中心として $\dfrac{\pi}{6}$ だけ回転した点を表す複素数は

$$\boxed{\text{オ}} - \boxed{\text{カ}}\sqrt{\boxed{\text{キ}}}\,i$$

である。

解 答

(1)　$\dfrac{1+\sqrt{3}\,i}{\sqrt{2}}=\dfrac{1}{\sqrt{2}}+\dfrac{\sqrt{3}}{\sqrt{2}}\,i$

　　　$\sqrt{\left(\dfrac{1}{\sqrt{2}}\right)^2+\left(\dfrac{\sqrt{3}}{\sqrt{2}}\right)^2}=\sqrt{2}$　なので，

　　　$\dfrac{1}{\sqrt{2}}+\dfrac{\sqrt{3}}{\sqrt{2}}\,i=\sqrt{2}\left(\dfrac{1}{2}+\dfrac{\sqrt{3}}{2}\,i\right)=\sqrt{2}\left(\cos\dfrac{\pi}{3}+i\sin\dfrac{\pi}{3}\right)$

答 （ア）2　（イ）3

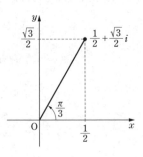

(2)　ド・モアブルの定理より，

　　　$\left(\dfrac{1+\sqrt{3}\,i}{\sqrt{2}}\right)^{12}=\left\{\sqrt{2}\left(\cos\dfrac{\pi}{3}+i\sin\dfrac{\pi}{3}\right)\right\}^{12}$

　　　　　　　　　$=(\sqrt{2})^{12}\left(\cos\dfrac{\pi}{3}+i\sin\dfrac{\pi}{3}\right)^{12}$

　　　　　　　　　$=2^6(\cos4\pi+i\sin4\pi)$

　　　　　　　　　$=\mathbf{64}$

> ┌─**【参考】ド・モアブルの定理**─
> 　$(\cos\theta+i\sin\theta)^n=\cos n\theta+i\sin n\theta$

答 （ウ）6　（エ）4

(3)　求める複素数 z は，

　　　$z=(\sqrt{3}-5i)\left(\cos\dfrac{\pi}{6}+i\sin\dfrac{\pi}{6}\right)$

　　　　$=(\sqrt{3}-5i)\left(\dfrac{\sqrt{3}}{2}+\dfrac{1}{2}\,i\right)$

　　　　$=\dfrac{3}{2}+\dfrac{\sqrt{3}}{2}\,i-\dfrac{5\sqrt{3}}{2}\,i+\dfrac{5}{2}$

　　　　$=\mathbf{4-2\sqrt{3}\,i}$

答 （オ）4　（カ）2　（キ）3

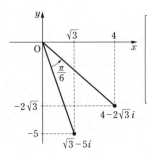

> ┌─**【参考】複素数の回転**─
> 　複素数 z を表す点を，原点を中心として角 θ だけ回転すると，$z(\cos\theta+i\sin\theta)$ の点に移る。

数学　9月実施　理系　　正解と配点

問題番号		設問	正解	配点
1	(1)	ア	2	3
		イ	9	
	(2)	ウ	1	3
		エ	0	
	(3)	オ	5	3
		カ	8	
	(4)	キ	4	3
		ク	3	
	(5)	ケ	－	3
		コ	5	
		サ	5	
	(6)	シ	⑧	4
	(7)	ス	4	4
		セ	5	
	(8)	ソ	④	4
2	(1)	ア	1	3
		イ	3	
	(2)	ウ	④	4
	(3)	エ	6	3
3	(1)	ア	2	3
		イ	8	
	(2)	ウ	1	3
		エ	5	
		オ	2	
		カ	8	
	(3)	キ	2	4
		ク	5	
4	(1)	ア	5	3
		イ	3	
	(2)	ウ	－	4
		エ	2	
		オ	3	
		カ	8	4
		キ	3	

問題番号		設問	正解	配点
5	(1)	ア	3	2
		イ	5	2
		ウ	6	
		エ	－	2
		オ	9	
	(2)	カ	①	4
		キ	⑤	
		ク	⑨	
6	(1)	ア	2	3
		イ	2	
	(2)	ウ	6	4
	(3)	エ	5	4
		オ	9	
		カ	4	
		キ	9	
7	(1)	ア	－	3
		イ	2	
		ウ	9	
	(2)	エ	8	3
		オ	4	
	(3)	カ	9	4
		キ	6	
		ク	9	
8	(1)	ア	2	3
		イ	3	
	(2)	ウ	6	4
		エ	4	
	(3)	オ	4	4
		カ	2	
		キ	3	